ISBN 978-0-656-71181-9
PIBN 10765812

Band 1. abth. 11

Daudebardia, Simpulopsis, Vitrina & Succinea by L. Pfeiffer

Pages	Plates	Parts	Dates
1-32	1-6	140	1854
33-59		143	1855

Systematisches

Conchilien-Cabinet

von

Martini und **Chemnitz.**

In Verbindung mit

DrDr. Philippi, Pfeiffer, Römer, Dunker, Kobelt, H. C. Weinkauf, S. Clessin, Brot und **von Martens**

neu herausgegeben und vervollständigt

von

Dr. H. C. Küster.

Ersten Bandes elfte Abtheilung.

Nürnberg.
Verlag von Bauer & Raspe.

Die

Gattungen

Daudebardia, Simpulopsis, Vitrina
und
Succinea.

Bearbeitet

von

Dr. L. Pfeiffer.

1854.

I. Daudebardia Hartmann. Daudebardie.

Daudebardia Hartmann 1821, Menke, L. Pfeiffer 1848, Herrmannsen, Albers, Deshayes in Fér.; Philippi; Helicophanta C. Pfeiffer 1828, Deshayes, Cristofori et Jan. Rossmässler, Hartmann 1840, L. Pfeiffer 1841, F. Schmidt, Parreys, Zelebor; Daudebartia Beck; Helicolimax Gray 1847; Helicophanta sect. Vitrinoides Fér.

Die wenigen bekannten Arten dieser Gattung wurden Anfangs von Draparnaud und Férussac der Gattung Helix zugezählt, sodann aber von Férussac 1821 als besondere Gruppe seiner (zur grossen Gattung Helix gehörigen) Untergattung Helicophanta mit dem Namen Vitrinoides bezeichnet. Die andere Abtheilung dieser Untergattung enthält aber nach Thier und Schale so sehr abweichende Arten, dass es nicht zu billigen ist, dass C. Pfeiffer und seine meisten Nachfolger die Gattung, von welcher jetzt die Rede ist, mit dem Namen Helicophanta Fér. bezeichneten — um so weniger, da Hartmann ebenfalls im Jahre 1821 dieselbe als selbstständige Gattung unter dem Namen Daudebardia aufgestellt hatte, welcher Name unbedingt den Vorzug verdient. Beck nahm auch denselben, nach Menke's Vorgange an, jedoch mit der irrthümlich veränderten Schreibart Daudebartia, und bezeichnete mit dem Mamen Helicophanta Fér. die zweite Gruppe der Férussac'schen Helicophanten.

Die Kennzeichen der Gattung Daudebardia sind nun folgende: Das Thier ist ganz einem Limax ähnlich, trägt aber auf dem hinteren Theile seines Fusses eine kleine, freie, glasartige, niedergedrückte, aus wenigen, sehr schnell zunehmenden Windungen bestehende Schale, in welche es sich natürlich nicht zurückziehen kann. Die Mündung der Schale ist weit, mit dünnem geradem Mundsaum. Das Thier hat eine mit vielen schrägen Reihen von Widerhacken bewaffnete Zunge, welche der der Achatina algira, eines entschieden fleischfressenden Raubthieres, sehr ähnlich ist, und ist daher nach A. Schmidt's Beobachtungen (Zeitschr. f. Malak. 1853. S. 40. 41.) wahrscheinlich ebenfalls auf animalische Nahrung angewiesen. (Vergl. Pfr. Mon. Helic. I. p. XII.)

Es sind bis jetzt nur folgende 3 Arten genau bekannt:

1. Daudebardia rufa Drap. Die rothbraune Daudebardie.

Taf. 1. Fig. 1. 2. Vergr. Fig. 3—5.

D. testa perforata, depressa, convexiuscula, transverse dilatata, striatula, nitidissima, cornea vel rufa; spira mediocri, sublaterali; anfr. 3 sensim accrescentibus, ultimo (in adultis) elongato, depresso, non angulato; apertura ampla, rotundato-ovali.

Helix rufa, Drap. Hist. p. 118. t. 8. f. 26—29.
— — Férussac Essai p. 45.
— (Helicophanta) Fér. Prodr. nr. 2. Hist. t. 10. f. 2.
— brevipes, Sowerby Conch. Man. f. 264.
Daudebardia rufa, Hartm. in Sturm Fauna VI. H. 5. p. 54. H. 8. t. 5.
— — Pfr. Mon. Helic. II. p 490.
— Albers Helic. p. 51.
— — Desh. in Fér. hist. I. p 90".
Helicophanta rufa, C. Pfr. Nat. III. p. 13. t. 4. f. 4. 5.
— — Rossm. Ic. I. p. 85. t. 2. f. 39.
— — Hartm. Erd. u. Süssw. Gast. I. p. 7. t. 3.
— — Parr. Oesterr. Moll. p. 1.
— — Zelebor Oesterr. Moll. p. 7.
Daudebartia rufa, Beck Ind. p. 5. nr. 1.

Gehäuse durchbohrt, niedergedrückt, mässig gewölbt, quer verbreitert, sehr dünn, feingestrichelt, stark glänzend, hornfarbig oder rothbraun. ziemlich klein, weit aus dem Längemittelpunkt heraustretend. Umgänge 3, mässig schnell zunehmend, der letzte (bei ausgewachsenen Exemplaren) verlängert, niedergedrückt, aber nicht winklig. Mündung weit, rundlich-oval. — Durchmesser 2¾''', Höhe ¾'''. (Aus meiner Sammlung.)

Aufenthalt: vereinzelt in Deutschland, Oesterreich und der Schweiz, aber, wie es scheint, nicht in Frankreich, noch in England.

2. Daudebardia brevipes Drap. Die ohrförmige Daudebardie.

Taf. 1. Fig. 10. Vergr. Fig. 11—13.

D. testa perforata, depressa, subauriformi, tenui, laevigata, transverse dilatata, nitida, diaphana, fusca vel fulva; spira minutissima, fere punctiformi, laterali; anfract. fere 3, rapidissime accrescentibus, ultimo non angulato; apertura amplissima, ovali.

Helix brevipes, Drap. Hist. p. 119. t. 8. f. 30—33. Minus bene!
— — Fér. Essai p. 45.
— — (Helicophanta) Fér. Prodr. nr. 1. Hist. t. 10. f. 1.

Helicophanta brevipes, C. Pfr. Nat. III. p. 12 t. 4. f. 1—3.?
— — Rossm. Ic. I. p. 85. t. 2. f. 40.!
— — Gray in Turt. Man. ed. nov. p. 9.
— Hartm. Erd. u. Süssw. Gast. I. p. 10. t. 4.
— — Parr. Oesterr. Moll. p. 1.
— — Zelebor Oesterr. Moll. p. 7.
— longipes, Ziegl. mss., Parr. & Zelebor l. c.
Daudebartia brevipes, Beck Ind. p. 5. nr. 2.
Daudebardia brevipes, Pfr. Mon. Helic. II. p. 490.
— — Albers Helic. p. 51.
— — Desh. in Fér. hist. I. p. 96[10].

Gehäuse durchbohrt, niedergedrückt, im Umrisse fast ohrförmig, quer verbreitert, dünnschalig, glänzend, durchscheinend, bräunlich oder braungelb. Gewinde äusserst klein, fast punktförmig, nahe an die Seite gerückt. Umgänge fast 3, äusserst rasch zunehmend, der letzte nicht winklig. Mündung sehr weit, oval. — Durchmesser 2½‴, Höhe kaum ½‴. (Aus meiner Sammlung.)

Aufenthalt: sehr vereinzelt in Mittel- und Süddeutschland, der Schweiz und Oberitalien.

Bemerkung. Bei Rossmässler ist im Texte die Bezeichnung der Figuren verwechselt, aber im Index berichtigt. Helicophanta longipes Zgl. ist, wenigstens was ich als solche von Hrn. Zelebor erhielt, der Schale nach nicht verschieden von brevipes Eine von Rossmässler und Hartmann erwähnte Helicoph. elata Mlf. ist mir ganz unbekannt.

3. Daudebardia Langi Pfr. Lang's Daudebardie.

Taf. 1. Fig. 6. Vergr. Fig. 7—9.

D. testa obtecte perforata, depressissima, nitida, fulva, intus diffuso-callosa; spira minutissima, laterali; anfractibus 2, ultimo angulato-depresso; apertura amplissima, ovali-oblonga; peristomate simplicissimo, recto, margine columellari arcuato, superne in laminam tenuem, perforationem obtegentem, reflexo.

Helicophanta Langi, Pfr. Symb. hist. Helic. III. p. 81.
Daudebardia Langi, Pfr. Mon. Helic. II. p. 491.
— — Albers Helic. p. 51.
— — Strobel Studi su la Malak. Ungh. p. 8.

Gehäuse bedeckt-durchbohrt, platt niedergedrückt, glänzend, gelbbraun, innen mit einer gleichsam verwaschenen Schmelzlage bedeckt. Gewinde sehr klein (noch kleiner als bei D. brevipes), seitlich. Umgänge

2, der letzte am Umfange winklig-niedergedrückt. Mündung sehr weit, oval-seitlich. Mundsaum ganz einfach, geradeaus, der Spindelrand bogig, nach oben in ein dünnes, das Nabelloch bedeckendes Plättchen zurückgeschlagen. — Durchmesser 3¼‴, Höhe ⅔‴. (Aus meiner Sammlung.)

Aufenthalt: in Ungarn, im Banat, auf dem Berge Damoclet (Stentz.)

II. Vitrina Draparnaud. Glasschnecke.

Vitrina Drap, Lamark, C. Pfeiffer, Rossmänsler, Gray, Potiez & Michaud, Reeve, Catlow, L. Pfeiffer, Deshayes (in Fér.), Philippi etc.; Vitrinus Montfort; Cobresia Hübner; Hyalina Studer; Limacina Hartmann; Helixarion et Helicolimax Férussac, Blainville; Helicarion Férussac; Pagana Gist.

Diese ebenfalls den Limaceen nahe verwandte Gattung wurde zu verschiedenen Zeiten von verschiedenen Autoren für ein schalentragendes Mollusk gegründet, welches sich dadurch kenntlich macht, dass es grösser ist als das Gehäuse und sich nie ganz in dasselbe zurückziehen kann, und dass sein Mantel einen nach vorn verlängerten, quer-runzligen Wulst bildet.

Das Gehäuse ist stets ziemlich klein, ungenabelt oder durch Schmalheit oder Fehlung der unteren Wandung scheinbar genabelt, sehr dünn, durchsichtig, meist einfarbig, kuglig oder niedergedrückt. Gewinde kurz, letzter Umgang gross, bauchig. Mündung weit, mondförmig oder rundlich. Mundsaum einfach, der Spindelrand bisweilen eingebogen oder in eine leicht abfällige Membran verbreitert. (Vergl. Pfr. Mon. Helic. I. p. XIII.)

1. Vitrina pellucida Müller. Die durchsichtige Glasschnecke.

Taf. 1. Fig. 14 — 16. Vergr. Fig. 17.

V. testa convexiusculo-depressa, sublaevi, nitidissima, pellucida, beryllina; spira mediocri, prominula; sutura subcrenulata, concolore vel rufescente; anfractibus 3 celeriter accrescentibus, convexiusculis, ultimo subtus lato, planiusculo, medio impresso, vix membranaceo-marginato; apertura diagonali, lunato-rotundata, aeque alta ac lata; peristomate subinflexo, undique regulariter arcuato.

Helix pellucida, O. F. Müll. Hist. verm. II. p. 15. nr. 215.
— — Dillw. Descr. cat. II. p. 947. nr. 134.
— — Cuvier Régne anim. II. p. 405
— limacoides, v. Alten Augsb. p. 85. t. 11. f. 20.
Cobresia helicoides vitrea, Hübn. (teste Férussac.)
Vitrinus pellucidus, Montf. Conch. syst. II. p. 239.
Hyalina pellucida, Studer Verzeichn. p. 11.
Limacina pellucida α, Hartmann in Neue Alpina I. p. 246.
Helicolimax pellucida, Féruss. Prodr. nr. 7. Hist. t. 9. f. 6.
Vitrina beryllina, C. Pfr. Nat. I. p. 47. t. 3. f. 1. III. p. 55.
— — Beck Ind. p. 1. nr. 4.
— — Parr. Oesterr. Conch. p. 1.
— — Zelebor Oesterr. Conch. p. 7.
— pellucida, Rossm. Ic. I. p. 74. t. 1. f. 28.
— Charpentier Cat. Moll. Suisse p. 2.
— Beck Ind. p. 1. nr. 5.
— Reeve Conch. syst. II. t. 162. f. 1.
— Pfr. Mon. Hel. II. p. 492.
— Albers Helic. p. 52.
— — F. Schmidt Krain. Conch. p. 7.
— Desh. in Fér. hist. I. p. 96[14].
— De Betta Malak. Valle di Non. p. 25.
— Mülleri et Dillwynii, Jeffr. Linn. Trans. XVI. 2. p. 326.?

Gehäuse etwas kuglig-niegergedrückt, ziemlich glatt, stark glänzend, durchsichtig, beryllgrün. Gewinde mittelgross, etwas hervorragend. Naht seicht gekerbt, gleichfarbig oder bräunlich. Umgänge 3, schnell zunehmend, mässig gewölbt, der letzte unterseits breit, ziemlich platt, in der Mitte eingedrückt, mit unmerklichem häutigem Rande. Mündung diagonal zur Axe, mondförmig-rundlich, gleich breit und hoch. Mundsaum ein wenig eingebogen, überall regelmässig bogig. — Durchmesser 3''', Höhe $1^{3}|_{4}$'''. (Aus meiner Sammlung.)

Aufenthalt: in Deutschland, der Schweiz, Frankreich, England, Schweden u. s. w.

2. Vitrina Draparnaldi Cuvier. Draparnaud's Glasschnecke.

Taf. 1. Fig. 18—20. Vergl. Fig. 21.

V. testa depressa, tenui, laevigata, nitidissima, pellucida, hyalino- vel lutescenti virente;

spira brevissima, apice vix prominula; sutura vix impressa, filo-marginata; anfr. $3\frac{1}{2}$ celeriter accrescentibus, ultimo depresso, antrorsum elongato, basi latiusculo, subplano, vix membranaceo-marginato; apertura perobliqua, transverse lunari, latiore quam alta; peristomate tenui, margine columellari brevi; basali strictiusculo.

Helix Draparnaldi, Cuvier Régne anim. II. p. 405.
— diaphana, Poir. Coq. fluv. et terr. p. 77.
— elliptica, Brown in Wern. Trans. II. p. 523. t. 24. f. 8.?
Vitrina pellucida, Drap. Tabl. de Moll. p. 98. nr. 1.
— — Drap. Hist. p. 119. t. 8. f. 34—37.
— — Brard Coq. Paris. p. 78. t. 3. f. 3—6.
— — Lam. hist. VI. 2. p 53. nr. 1. Ed Desh. VII. p. 728.
— — Guérin Iconogr. Moll. t. 5 f. 3.
— — Desh. in Encycl. méth. III. p. 1133. nr. 1.
— — Gray in Turt. Man. p. 120. t. 3. f. 21.
— diaphana et depressa, Jeffr. in Linn. Trans. XVI. 2. p. 326.?
— Draparnaldi, Leach Moll. p. 80.
— Pfr. Mon. Helic. II. p. 493.
— Albers Helic. p. 52.
— — Desh. in Fér. hist. I. p. 96[16]. nr. 3.
— major, C. Pfr. Naturg. I. p. 47. not.
— Audebardi, C. Pfr. Naturg III. p. 55.
— — Beck Ind. p. 1. nr. 3.
Limacina pellucida β, Hartm. in Neue Alpina. I. p. 246.
Helicolimax major, Fér. Essai p. 43.
— Audebardia, Fér. Prodr. nr. 6. Hist. t. 9. f. 5.
pellucida, Blainville in Dict. sc. nat. tom. 3. p. 255.
— Sow. Conch. Man. f. 263.

Gehäuse niedergedrückt, dünn, glatt, stark glänzend, durchsichtig, glasartig- oder gelblich-grünlich. Gewinde sehr niedrig, mit kaum vorragendem Wirbel. Naht unmerklich eingedrückt. fädlich-berandet. Umgänge $3\frac{1}{2}$, schnell zunehmend, der letzte niedergedrückt, nach vorn verlängert, unterseits ziemlich breit, fast platt, mit unmerklichem Hautrande. Mündung sehr schief gegen die Axe, quer mondförmig, breiter als hoch. Mundsaum dünn, Spindelrand kurz, Basalrand ziemlich gestreckt. —. Durchmesser 4''', Höhe $1\frac{7}{8}$'''. (Aus meiner Sammlung.)

Aufenthalt: in Frankreich und England. Sehr selten in Deutschland, bei Bonn (Goldfuss)!

3. Vitrina americana Pfr. Die amerikanische Glasschnecke.

Taf. 1. Fig. 22—24. Vergr. Fig. 25.

V. testa depresse semiglobosa, tenuissima, sublaevigatissima, nitidissima, virenti-hyalina; spira parvula, vix elata; sutura subcrenulata; anfract. 2½ convexiusculis; celeriter accrescentibus, ultimo subrotundato subtus latiusculo, anguste membranaceo-marginato; apertura fere diagonali, lunato-rotundata; perist. simplice, regulariter arcuato, margine superne antrorsum subdilatato.

Vitrina Americana, Pfr. in Proceed. Zool. Soc. 1852 p. 156.
— — Pfr. Mon. Helic. Suppl. p. 6 nr. 65.
— pellucida, De Kay New-York Moll. p. 25. t. 3. f. 42.?
— limpida, Gould. in Agass. Lake Super p. 243 ?

Gehäuse niedergedrückt-halbkuglig, sehr dünnschalig, durchaus glatt, grünlich-glasgelb. Gewinde klein, kaum erhoben. Naht etwas gekerbt. Umgänge 2½, mässig gewölbt, schnell zunehmend, der letzte ziemlich gerundet, unten ziemlich breit mit schmalem häutigem Rande. Mündung fast diagonal zur Axe, mondförmig-rundlich. Mundsaum einfach, regelmässig bogig, der obere Rand nach voru etwas verbreitert. — Durchmesser 2''', Höhe 1'''. (Aus meiner Sammlung.)

Aufenthalt: in den Nordamerikanischen Freistaaten.

4. Vitrina annularis Studer. Die Ringel-Glasschnecke.

Taf. 1. Fig. 26—28. Vergr. Fig. 29.

V. testa depresso-globosa, tenui, sublaevigata, pellucida, nitida, virenti hyalina; spira prominula, obtusa; anfract. 3 sensim accrescentibus, ultimo rotundato, basi lato; apertura vix obliqua, ovali-rotundata; perist. simplice, margine columellari brevi, subverticali.

Hyalina annularis, Studer Verzeichn. p. 11.
Limacina annularis, Hartmann in Neue Alpina I. p. 246.
Helicolimax annularis, Fér. Prodr. nr. 8. Hist. t 9. f. 7.
Vitrina annularis, Gray in Annals of Phil. New ser. IX. p. 109.
— — Charpentier Cat. Moll. Suisse p. 2.
— — Beck Ind. p 1. nr. 7
— — Pfr Mon. Helic. Suppl. p. 493. nr. 2.
— — Albers Helic. p 52.
— — Strob. Malak. Ungh. p. 7.
— — Desh. in Fér hist. I p 96[16].
— subglobosa, Michaud Compl. à Drap. p. 10. t. 15. f. 18—20.
— Morelet Moll. du Portugal p. 50.

Gehäuse niedergedrückt-kuglig, dünnschalig, ziemlich glatt, durchsichtig, glänzend, grünlich-glashell. Gewinde mässig erhoben, mit stumpflichem Wirbel. Umgänge 3, allmälig zunehmend, der letzte gerundet, unterseits breit. Mündung sehr wenig schräg gegen die Axe, oval-rundlich. Mundsaum einfach, der Spindelrand kurz, fast vertical. — Durchmesser 2‴, Höhe $1^3/_8$‴. (Aus meiner Sammlung.)

Aufenthalt: in den Alpen der Schweiz und Frankreichs, im Banat und in Portugal.

5. Vitrina diaphana Draparnaud. Die durchscheinende Glasschnecke.

Taf. 1. Fig. 30—32. Vergr. Fig. 33.

V. testa depressa, tenui, laevigata, nitida, diaphana, virenti-hyalina; spira minuta, planiuscula; anfract. $2^1/_2$ rapide accrescentibus, subplanis, ultimo dilatato, depresso, subtus angustissimo, in marginem membranaceum, deciduum dilatato; apertura fere horizontali, amplissima, auriformi, margine columellari perarcuato.

Vitrina diaphana, Drap. Hist. p. 120. t. 8. f. 38. 39.
— — C. Pfr. Nat. I. p. 48. t. 3. f. 2. III. p. 55.
— — Rossm. Ic I. p. 73. t. 1. f. 27.
— — Charpentier Cat. Moll. Suisse p. 2.
— — Beck Ind p. 1. nr. 2
— — Desh. in Lam. hist. nouv. ed VII. p. 728. nr. 2.
— — F. Schmidt Krain. Conch. p. 7.
— — Graëlls Cat. Mol. Esp. p. 1.
— — Pfr. Mon. Helic. II. p. 494. nr. 4.
— — Parr. Oesterr. Moll. p. 1.
— — Albers Helic. p. 52.
— — Strob. Malak. Ungh. p. 7
— — Desh. in Fér. hist. I. p. 96[17]. nr. 4.
— — De Betta Malak. Valle di Non p. 24.
— — Zelebor Oesterr. Conch p. 7.
— pellucida, Voith in Sturm Fauna VI. H. 3. T. 16.
— — Blainv. Malak. p. 462. t. 41. f. 1.
Cobresia limacoides patera, Hübner. (teste Férussac.)
Hyalina vitrea, Studer Verzeichn. p. 11.
Limacina vitrea α, Hartmann in Neue Alpina I. p. 246.
Helix limacina, v. Alten Augsburg p. 81. t. 10. f. 19.
— virescens, Studer in Coxe travels.
— palliata, Hartmann in Alpina II.
Helicolimax vitrea, Féruss. Prodr. nr. 5. Hist. t. 9. f. 4.

Gehäuse niedergedrückt, dünnschalig, glatt, glänzend, durchscheinend, grünlich-glashell. Gewinde sehr klein, ziemlich platt. Umgänge 2½, sehr schnell zunehmend, fast platt, der letzte verbreitert, niedergedrückt, unterseits sehr schmal, in einen abfälligen, häutigen Saume verbreitert. Mündung fast horizontal, sehr weit, ohrförmig, der Spindelrand stark bogig. — Durchmesser 3¼‴, Höhe 1½‴. (Aus meiner Sammlung.)

Aufenthalt: ziemlich verbreitet in Deutschland, Oesterreich, der Schweiz, Frankreich, Spanien, Ungarn.

6. Vitrina pyrenaica Férussac. Die Pyrenäen-Glasschnecke.

Taf. 1. Fig. 34—36. Vergr. Fig. 37.

V. testa depressa, ovali, nitida, hyalino-virente; anfr. $2^1/_2$ rapide accrescentibus, ultimo depresso, basi angusto, membrana angustissima cincto; apertura horizontali, fere regulariter ovali, intus tenuissime callosa, marginibus approximatis, supero medio dilatato, subinflexo, columellari leviter arcuato.

Helicolimax pyrenaica, Féruss. Prodr. nr. 4. Hist. t 9. f. 3.
Vitrina pyrenaica, Gray in Annals of Philos. New. ser. IX. p. 409.
— — Pfr. Mon. Helic. II. p. 495 nr. 5.
— — Albers Helic. p. 52.
— — Desh. in Fér. hist. I. p. 96[18]. nr 5.

Gehäuse niedergedrückt, im Umrisse oval, glänzend, glasartig-grünlich, Umgänge 2½, sehr schnell zunehmend, der letzte niedergedrückt, unterseits schmal, mit einem sehr schmalem häutigem Saume besetzt. Mündung horizontal, fast regelmässig oval, innen mit sehr dünnem Schmelz belegt, die Ränder einander genähert, der obere in der Mitte verbreitert, etwas eingebogen, der Spindelrand seicht-bogig. — Durchmesser 3‴, Höhe 1⅙‴. (Aus meiner Sammlung.)

Aufenthalt: in den Pyrenäen. Im Thale Ossau in der Nähe des Pic du Midi. (Férussac.)

7. Vitrina elongata Draparnaud. Die langgestreckte Glasschnecke.

Taf. 1. Fig. 38—40. Vergr. Fig. 41.

V. testa depressissima, auriformi, tenuissima, laevigata, nitida, lutescenti-hyalina; spira punctiformi, haud prominula; anfract. vix 2, ultimo antrorsum elongato, basi lineari, in marginem membranaceum latiusculum dilatato; apertura fere horizontali, oblongo-ovali, marginibus approximatis, supero repando.

Vitrina elongata, Drap. Hist. p. 120. t. 8. f. 40—42.
— — C. Pfr. Nat. I. p. 48. t. 3. f. 3. III. p. 55.
— — Rossm. Icon. I. p. 73. t. 1. f. 26.
— — Beck Ind. p. 1. nr. 1.
— — Desh. in Lam hist. nouv. ed VII. p. 729. nr. 3.
— — Graëlls Cat. Moll. Esp. p. 1.
— — F. Schmidt. Krain. Conch. p. 7.
— — Pfr. Mon. Helic. II. p. 495. nr. 6.
— — Albers Helic. p. 52.
— — Parr. Oesterr. Conch. p. 1.
— — Strob. Malak. Ungh. p. 7.
— — Desh. in Fér. hist. I. p. 96[19]. nr. 6.
— — Zelebor Oesterr. Conch. p. 7.
Helix Semilimax, Féruss. pat. in Naturforscher 1801. St. 19 t. 1. f. A. D.
Testacella Germaniae, Oken Lehrb. d. Naturg. III. p. 312.
Hyalina elongata, Studer Verzeichn. p. 11.
Limacina vitrea β, Hartmann in Neue Alpina I. p. 246.
— elongata, Hartmann in Sturm Fauna VI. H. 5. p. 54.
Helicolimax elongata, Fér. Prodr. nr. 1. t. 9. f. 1.

Gehäuse sehr flach niedergedrückt, im Umrisse ohrförmig, sehr dünnschalig, glatt, glänzend, gelblich-glashell. Gewinde punktförmig, nicht vorragend. Umgänge kaum 2, der letzte nach vorn verlängert, unterseits linienförmig verschmälert, mit einem ziemlich breiten häutigem Saume besetzt. Mündung fast horizontal, länglich-oval, mit genäherten Rändern, oberer Rand ausgeschweift. — Durchmesser 1 1/6''', Höhe 2/3'''. (Aus meiner Sammlung.)

Varietät (oder vielmehr unausgebildete Form?):

Helicolimax brevis, Fér. Prodr. nr. 2. t 9. f. 2.
Vitrina brevis, Gray in Ann. of Philos. New. ser. IX. p. 408.
— elongata β, Pfr. Mon. Helic. II. p. 495.

Aufenthalt: selten in Deutschland (häufiger in Oesterreich), Ungarn, Frankreich und Spanien. Soll nach Charpentier in der Schweiz noch nicht gefunden sein!

8. Vitrina Gruneri Pfr. Gruner's Glasschnecke.

Taf. 1. Fig. 42—44.

V. testa globoso-depressa, glaberrima, parum nitente, olivaceo-cornea; spira vix elevata;

sutura albomarginata; anfract. $3^1|_2$ convexiusculis, ultimo subdepresso; apertura perobliqua, lunato-ovali; perist. simplice, marginibus conniventibus, columellari arcuato, subinflexo.

Vitrina Gruneri, Pfr. Symb. hist. Helic. III. p. 81.
— — Pfr. Mon. Helic. p. 496. nr. 16.
— — Albers Helic. p 52.

Gehäuse kuglig-niedergedrückt, ganz glatt, wenig glänzend, olivengrünlich-hornfarbig. Gewinde sehr wenig erhoben. Naht weissberandet. Umgänge $3^1|_2$, mässig gewölbt, der letzte etwas niedergedrückt. Mündung sehr schief gegen die Axe gestellt, mondförmig-oval. Mundsaum einfach, mit zusammengeneigten Rändern, der Spindelrand bogig, etwas einwärts umgeschlagen. — Durchmesser 4''', Höhe kaum $2^1|_2$'''. (Aus meiner Sammlung.)

Aufenthalt: in Arabien, nach Hrn. Consul Gruner's Mittheilung.

9. Vitrina hians Rüppell. Die offenstehende Glasschnecke.

Taf. 1. Fig. 45—47.

V. testa depresse globosa, tenui, striatula, pellucida, nitidula, pallide cornea, strigis saturatioribus radiata; spira parvula, conoideo-convexa; sutura impressa, marginata; anfract. 4 convexiusculis, rapide accrescentibus, ultimo rotundato, basi latiusculo; apertura obliqua, lunato-subcirculari; perist. simplice, marginibus convergentibus, columellari recedente, leviter arcuato.

Vitrina hians, Rüppel mss.
— — Pfr. in Proceed. Zool. Soc. 1848. p. 107.
— — Pfr. Mon. Helic. II p. 503. nr. 32

Gehäuse niedergedrückt-kuglig, dünn, zart gestrichelt, durchsichtig, etwas glänzend, blass hornfarbig, mit dunkleren Strahlen. Gewinde klein, conoidisch-convex. Naht eingedrückt, berandet. Umgänge 4, mässig gewölbt, sehr schnell zunehmend, der letzte gerundet, unterseits ziemlich breit. Mündung schräg gegen die Axe, mondförmig fast kreisrund. Mundsaum einfach, mit zusammenneigenden Rändern; Spindelrand etwas zurücktretend, flach-bogig. — Durchmesser 1'', Höhe 6'''. (Aus meiner Sammlung.)

Aufenthalt: in Abyssinien. (Dr. Rüppell.)

10. Vitrina Lamarki Férussac. Lamarck's Glasschnecke.

Taf. 1. Fig. 48—50.

V. testa depressa, ovali, laevigata, tenui, nitida, pallide virenti-cornea; spira planiuscula;

anfract. 2½ — fere 3 rapide accrescentibus, margine interno libero; apertura ampla, subhorizontali, subauriformi; perist. simplice, margine supero antrorsum arcuato-dilatato, columellari late membranaceo-marginato.

Helicolimax Lamarckii, Fér. Prodr. p. 21. nr. 5. Hist. t. 9. f. 9.
Vitrina Lamarckii, Gray in Annals of Phil. New ser. IX. p. 409.
— — Webb & Berth Synops. p. 311.
— — Orbigny Moll. Canar. p. 53.
— — Beck Ind. p. 2. nr. 13.
— — Pfr. Mon. Helic. II. p. 506. nr. 42. (exclus synom Loweanis)
— — Desh. in Fér. hist. I. p. 96?°. nr. 8. t. 8. F. f. 23. 26.
— — Mörch Catal. Yold. p. 1. nr. 2.
— Teneriffae, Quoy & Gaim. Voy. Astrol. II. p. 142. t. 13. f. 4—9.
— — Desh. in Lam. hist. ed. nouv. VII. p. 729. nr. 4.

Gehäuse niedergedrückt, im Umrisse fast oval, glatt, dünnschalig, glänzend, blass grünlich-hornfarbig. Gewinde fast platt. Umgänge 2½ bis fast 3, sehr schnell zunehmend, mit freiem innerm Rande. Mündung weit, fast horizontal, beinahe ohrförmig. Mundsaum einfach, der obere Rand nach vorn bogig-verbreitert, der untere Rand mit einem breiten häutigen Saume besetzt. — Durchmesser 7''', Höhe ungefähr 3'''. (Aus meiner Sammlung.)

Aufenthalt: auf der Canarischen Insel Teneriffa (Webb und Berthelot, Blauner), nicht auf Madera.

Bemerkung. Die von Lowe unter dem obigen Namen gegebene Schnecke ist von der auf Teneriffa vorkommenden sehr verschieden, und ist identisch mit Vitrina nitida Gould, von welcher V. marcida Gould nur eine verblichene, unvollkommene Form zu sein scheint. (Vergl. über letztere Pfr. Mon. II. p. 507. nr. 44 und 46, und vorzugsweise Albers in Zeitschr. f. Malak. 1853. p. 129.)

11. Vitrina Sowerbyana Pfr. Sowerby's Glasschnecke.

Taf. 1. Fig. 51—53.

V. testa depressa, subauriformi, arcuatim plicatula, tenuissima, nitida, pellucida, brunneofulva; spira vix emersa; sutura profunde impressa; anfract. 3, primis convexiusculis, ultimo depresso, peripheria angulato, basi convexiore; apertura ampla, perobliqua, lunato-ovali, marginibus conniventibus, supero vix dilatato, columellari perarcuato, anguste membranaceo-marginato, margine interno anfractuum inconspicuo.

Vitrina Sowerbyana, Pfr. in Proceed. Zool. Soc. 1848. p. 107.
— — Pfr. Mon. Helic. p. 593. nr 33.
— — Albers Helic. p. 53.

Gehäuse niedergedrückt, im Umrisse fast ohrförmig, bogig-gefältet, sehr dünn, glänzend, durchsichtig, dunkel gelbbraun. Gewinde kaum vorstehend. Naht tief eingedrückt. Umgänge 3, die ersten mässig gewölbt, der letzte niedergedrückt, am Umfange winklig, unterseits convexer. Mündung weit, sehr schief gegen die Axe gestellt, mondförmig-oval, mit zusammenneigenden Rändern; oberer Rand unmerklich verbreitert, Spindelrand stark bogig, mit schmalem häutigem Saume. Innerer Rand der Windungen nicht sichtbar. — Durchmesser 11''', Höhe 5½'''. (Aus meiner Sammlung.)

Aufenthalt: in Westafrika.

12. Vitrina Cumingi Beck. Cuming's Glasschnecke.

Taf. 2. Fig. 1. 2.

V. testa depresso-globosa, tenuissima, subtiliter striata, nitida, albido-cornea; spira brevissima, obtusa; sutura levi, linea impressa marginata; anfract. 4 vix convexiusculis, ultimo inflato, subdepresso, medio linea rufa cingulato; apertura obliqua, lunato-rotundata; perist. simplice, marginibus remotis, columellari subverticali, leviter arcuato, superne reflexiusculo, perforationem punctiformem simulante, superne antrorsum vix arcuato.

Vitrina Cumingi, Beck mss. in Mus. Cuming.
— — Pfr. in Proceed. Zool. Soc. 1848. p. 104.
— — Pfr. Mon. Helic. II. p. 498. nr. 17.
— — Albers Helic. p. 52.

Gehäuse niedergedrückt-kuglig, sehr dünnschalig, fein gestrichelt, glänzend, weisslich-hornfarbig. Gewinde sehr niedrig, stumpf. Naht flach, mit einer eingedrückten Linie berandet. Umgänge 4, kaum merklich gewölbt, der letzte aufgeblasen, etwas niedergedrückt, in der Mitte mit einer rothbraunen Linie umgeben. Mündung wenig schräg gegen die Axe, mondförmig-rundlich. Mundsaum einfach, mit entfernten Rändern, der Spindelrand fast vertical, flach-bogig, nach oben etwas zurückgeschlagen, dadurch ein scheinbares punktförmiges Nabelloch bildend, oberer Rand nach vorn unmerklich bogig verbreitert. — Durchmesser 10''', Höhe 6'''. (Aus meiner Sammlung.)

Aufenthalt: auf der Philippinischen Insel Bohol entdeckt und gesammelt von H. Cuming.

13. Vitrina cassida Hutton. Die Helm-Glasschnecke.

Taf. 2. Fig. 3—5.

V. testa depressa, peripheria ovata, tenui, striatula, parum nitidula, subdiaphana, pallide virenti-cornea; spira brevissime conoidea; sutura submarginata; anfract. fere 5, rapide accrescentibus, ultimo subdepresso-rotundato, basi lato, medio impresso; apertura perobliqua, lunato-ovali, intus margaritacea; perist. simplice, margine supero antrorsum subdilatato, basali leviter arcuato, columellari superne subcalloso.

Helicarion cassida, Hutton. in Journ. Asiat Soc. VII. p. 214.
Vitrina cassida, Pfr. Symb. hist. Helic. III. p. 45.
— — Pfr. Mon. Helic. II. p 497. nr. 12. III. p. 2. nr. 11.

Gehäuse niedergedrückt, im Umrisse eiförmig, dünn, gestrichelt, schwach glänzend, etwas durchscheinend, blass grünlich-hornfarbig. Gewinde sehr niedrig conoidisch. Naht schwach berandet. Umgänge fast 5, sehr schnell zunehmend, der letzte etwas niedergedrückt-gerundet, unterseits breit. Mündung sehr schief gegen die Axe, mondförmig-oval, innen perlglänzend. Mundsaum einfach, der obere Rand etwas nach vorn verbreitert, der Basalrand schwach gebogen, der Spindelrand nach oben etwas schwielig. — Durchmesser $9^1|_3$—13‴, Höhe $5^1|_2$—6‴. (Aus meiner Sammlung.)

Aufenthalt: Simla im westlichen Himalayah.

14. Vitrina monticola Benson. Die bergbewohnende Glasschnecke.

Taf. 2. Fig. 6—8.

V. testa depressa, tenui, striatula, nitida, pellucida, lutescenti-cornea; spira plana, medio vix prominula; sutura leviter impressa; anfract. 4 celeriter accrescentibus, planiusculis, ultimo depresso, non descendente; apertura obliqua, rotundato-lunari; perist. simplice, marginibus conniventibus, callo tenuissimo junctis, supero antrorsum arcuato-dilatato, columellari cum basali angulum obtusum formante.

Vitrina monticola, Benson mss. in Mus. Cuming.
— — Pfr. in Proceed Zool. Soc. 1848. p. 107.
— — Pfr. Mon. Helic p. 497. nr. 11.

Gehäuse niedergedrückt, dünn, gestrichelt, glänzend, durchsichtig, gelblich-hornfarbig. Gewinde platt, in der Mitte unmerklich vorragend. Naht seicht eingedrückt. Umgänge 4, schnell zunehmend, ziemlich flach, der letzte niedergedrückt, nach vorn nicht herabsteigend. Mündung schräg gegen die Axe, rundlich-mondförmig. Mundsaum einfach, mit zusammenneigenden, durch eine sehr dünne Schmelzlage verbundenen Bändern, der obere nach vorn bogig verbreitert, der Spindelrand mit dem untern einen stumpfen Winkel bildend. — Durchmesser 9‴, Höhe $3^3|_4$‴. (Aus meiner Sammlung.)

Aufenthalt: in Ostindien, Landour, Almorah am Himalayah.

15. Vitrina Strangei Pfr. Strange's Glasschnecke.

Taf. 2. Fig. 9 — 12.

V. testa depressa, tenuissima, laevigata, nitida, fusco- vel virenti-cornea; spira parva, vix convexiuscula, vertice subtili, laterali; sutura impressa, submarginata; anfract. 3 vix convexiusculis, rapide accrescentibus, ultimo superne depresso, peripheria rotundato, basi convexiore; apertura obliqua, ampla, lunato-subcirculari; perist. simplice, obtusula, marginibus approximatis, dextro antrorsum dilatato, columellari recedente, perarcuato, membranaceo-marginato.

Vitrina Strangei, Pfr. in Proceed. Zool. Soc. 1849. p 132.
— — Pfr. Mon. Helic. Suppl p 5. nr. 59.

Gehäuse niedergedrückt, äusserst dünnschalig, glatt, glänzend, bräunlich- oder grünlich-hornfarbig. Gewinde klein, unmerklich gewölbt, mit feinem, seitlichem Wirbel. Naht eingedrückt, undeutlich berandet. Umgänge 3, unmerklich gewölbt, sehr schnell zunehmend, der letzte oben niedergedrückt, am Umfange gerundet, unterseits convexer. Mündung schräg gegen die Axe, weit, mondförmig fast kreisrund. Mundsaum einfach, stumpflich, mit genäherten Bändern; rechter Rand nach vorn verbreitert, Spindelrand zurücktretend, stark bogig, mit einem äusserst schmalen häutigem Saume. — Durchmesser 5‴, Höhe $2^1|_2$‴. (Aus meiner Sammlung.)

Aufenthalt: Brisbane an der Ostküste von Neuholland. (Strange.)

16. Vitrina Poeppigi Menke. Pöppig's Glasschnecke.

Taf. 2. Fig. 13 — 15.

V. testa globulosa, tenuissima, striatula, nitida, pellucida, lutescenti-cornea, linea 1 rufa, supera peripheriam cincta; spira brevissima, obtusa; sutura submarginata; anfr. 4 convexiusculis, ultimo inflato; apertura rotundato-lunari, margine dextro subrepando, columellari leviter arcuato, subverticaliter descendente.

Vitrina Poeppigii, Menke in Pfr. Symb. hist Helic. III. p. 81.
— — Pfr. Mon. Helic. II. p. 504. nr. 37.
— — Albers Helic. p. 53.

Gehäuse ziemlich kuglig, sehr dünnschalig, feingestrichelt, glänzend, durchsichtig, gelblich-hornfarbig, mit einer braunrothen Linie über dem

Umfange der letzten Windung. Gewinde sehr niedrig, mit stumpfem Wirbel. Naht undeutlich berandet. Umgänge 4, mässig gewölbt, der letzte aufgeblasen. Mündung schräg gegen die Axe, rundlich-mondförmig. Mundsaum scharf, der rechte Rand etwas ausgeschweift, der Spindelrand flachbogig, fast senkrecht herabsteigend. — Durchmesser $5^1|_4'''$, Höhe $3^1|_2'''$. (Aus meiner Sammlung.)

Aufenthalt: Port Natal in Südafrica.

17. Vitrina sigaretina Récluz. Die sigaretusarte Glasschnecke.

Taf. 2. Fig. 16—18

V. testa depressa, auriformi, tenui, striis arcuatis subradiata, nitida, pellucida, luteo-virescenti; spira planiuscula, subpapillata; sutura leviter impressa; anfract. vix 3, rapide accrescentibus, ultimo depresso, basi membranaceo-marginato; apertura ampla, perobliqua, lunato-rotundata, transverse dilatata; perist. simplice, margine supero antrorsum arcuato, columella recedente, arcuato

Vitrina sigaretina, Récluz in Revue zool 1841. p. 70.
— — Récluz in Guér. Mag. 1842. t. 59.
— — Pfr. Mon. Hel. II. p. 504. nr. 36.
— — Albers Helic. p. 53.

Gehäuse niedergedrückt, im Umrisse ohrförmig, dünn, etwas bogig gerieft, glänzend, durchsichtig, gelbgrünlich. Gewinde fast platt, mit warzenartigem Wirbel. Naht flach eingedrückt. Umgänge kaum 3, sehr schnell zunehmend, der letzte niedergedrückt, unterseits offen, so dass man bis in die Spitze des Wirbels hineinsehen kann, mit häutigem Saume. Mündung weit, sehr schief gegen die Axe, mondförmig-rundlich, in die Quere verbreitert. Mundsaum einfach, der obere Rand vorn bogig verbreitert, Spindelrand zurücktretend, bogig. — Durchmesser 8''', Höhe $3^1|_2'''$. (Aus meiner Sammlung.)

Aufenthalt: im Innern von Africa: Sediou am Ufer des Flusses Casamans. (Récluz.)

18. Vitrina grandis Beck. Die ansehnliche Glasschnecke.

Taf. 2. Fig. 19—21.

V. testa depressa, tenuiuscula, radiatim subtiliter plicatula, diaphana, non nitente, albido-straminea; spira brevissima, vix emersa, subpapillata; sutura impressa; anfract. $3^1/_2$ rapide accrescentibus, subplanatis, ultimo depresso; periphería obsolete angulato, basi lato, striatulo, nitida; apertura parum obliqua, lata, lunari; perist. simplice. margine supero antrorsum subdilatato, columellari subverticaliter descendente, arcuatim in basalem abeunte.

Helicophanta formosa, Jonas olim in litt.
Vitrina grandis, Beck M. R. C. VIII. t. 1. f. 15. ined.
— — Beck in Ind. p. 2. nr. 14.
— — Pfr. in Proceed. Zool. Soc. 1848. p. 108.
— — Pfr. Mon. Helic. II. p. 504. nr. 35.
— — Albers Helic. p. 53.
— — Mörch Catal. Yold. p. 1. nr. 1.

Gehäuse niedergedrückt, ziemlich dünn, fein strahlig gefältet, durchscheinend, glanzlos, weisslich-strohgelb. Gewinde äusserst niedrig, kaum vorragend, mit warzenartigem Wirbel. Naht eingedrückt. Umgänge 3½, sehr rasch zunehmend, ziemlich flach, der letzte niedergedrückt, am Umfange etwas winklig, unterseits breit, feingestrichelt, glänzend. Mündung wenig schräg gegen die Axe, breit, mondförmig. Mundsaum einfach, der obere Rand etwas nach vorn verbreitert, der Spindelrand fast senkrecht herabsteigend, im Bogen in den untern übergehend. — Durchmesser 9‴, Höhe 4‴. (Aus meiner Sammlung.)

Aufenthalt: in der Senegal-Provinz in Westafrica.

19. Vitrina Rüppelliana Pfr. Rüppell's Glasschnecke.

Taf. 2. Fig. 22—24.

V. testa subsemiglobosa, tenui, arcuato-striata, pellucida, parum nitida, fulva; spira brevi, obtusiuscula, sutura impressa; anfract 3 convexiusculis, rapide accrescentibus, ultimo ventroso, basi latiusculo; apertura obliqua, lunato rotundata; perist. simplice, margine supero fere angulatim antrorsum dilatato, columellari substricte recedente, basi leviter arcuato; margine interno anfractuum inconspicuo.

Vitrina Rüppelliana, Pfr. in Proceed. Zool. Soc. 1848. p. 107.
— — Pfr. Mon. Helic. II. p. 503. nr. 34.

Gehäuse fast halbkuglig, dünn, bogig-gerieft, durchsichtig, wenig glänzend, braungelb. Gewinde niedrig, mit ziemlich stumpfem Wirbel. Naht eingedrückt. Umgänge 3, mässig gewölbt, sehr schnell zunehmend, der letzte bauchig, unterseits ziemlich breit. Innerer Rand der Umgänge nicht sichtbar. Mündung schräg gegen die Axe, mondförmig-rundlich. Mundsaum einfach, der obere Rand fast winklig nach vorn verbreitert, der Spindelrand fast gerade zurücktretend, an der Basis flach-bogig. — Durchmesser 9''', Höhe 5'''. (Aus meiner Sammlung.)

Aufenthalt: in Abyssinien.

20. Vitrina gutta Pfr. Die Tropfen-Glasschnecke.

Taf. 2. Fig. 25—27.

V. testa depresso-globosa, tenuissima, glaberrima, nitidissima, hyalina; spira vix elevatiuscula; sutura lineari, anguste marginata; anfr. $3^1/_2$ planiusculis, rapide accrescentibus, ultimo magno, depresso-rotundato, basi latiusculo; apertura parum obliqua, lunato-circulari; perist. simplice, undique regulariter arcuato, margine columellari intrante, superne reflexiusculo.

Vitrina gutta, Pfr. in Proceed Zool. Soc. 1848. p. 105.
— — Pfr. Mon. Helic. II. p. 500. nr. 24.
— — Albers Helic. p. 53.
— subclathrata, Beck mss.

Gehäuse niedergedrückt-kuglig, äussert dünnschalig, ganz glatt, stark glänzend, glasshell. Gewinde kaum merklich erhoben. Naht linienförmig, schmal berandet. Umgänge $3^1|_2$, fast flach, sehr rasch zunehmend, der letzte gross, niedergedrückt-rundlich, unterseits ziemlich breit. Mündung wenig schräg gegen die Axe, mondförmig-rundlich. Mundsaum einfach, überall regelmässig bogig, der Spindelrand eindringend, oben ein wenig zurückgeschlagen. — Durchmesser $5^1|_2$''', Höhe 3'''. (Aus meiner Sammlung.)

Aufentlt: Sorsogon auf der Insel Luzon. (H. Cuming.)

21. Vitrina Guimarasensis Pfr. Die Glasschnecke von Guimaras.

Taf. 2. Fig. 28—30.

V. testa depresso-semiglobosa, tenui, striatula, subdiaphana, virenti-cornea; spira parvula, parum elevata; sutura marginata; anfr. vix 4 subpanis, rapidissime accrescentibus, ultimo inflato, subdepresso; apertura obliqua, lunato-subcirculari, aeque alta ac lata, intus submargaritacea; perist. tenuissimo, margine dextro regulariter arcuato, columellari recedente, perarcuato.

Vitrina Guimarasensis, Pfr. in Proceed. Zool. Soc. 1848. p. 104.
— — Pfr. Mon. Helic. II. p. 499. nr. 19.

Gehäuse niedergedrückt-halbkuglig, dünnschalig, schwach gestrichelt, etwas durchscheinend, fleischfarbig, ins Grünliche spielend. Gewinde klein, wenig erhoben. Naht berandet. Umgänge kaum 4, fast flach, äusserst rasch zunehmend, der letzte aufgeblasen, etwas niedergedrückt. Mündung schräg gegen die Axe, mondförmig-gerundet, gleich hoch und breit, innen etwas perlartig. Mundsaum sehr dünn, der rechte Rand regelmässig bogig, der Spindelrand zurücktretend, stark bogig. — Durchmesser 7½‴, Höhe 4‴. (Aus meiner Sammlung.)

Aufenthalt: auf der Philippinischen Insel Guimaras entdeckt von H. Cuming.

22. Vitrina cornea Pfr. Die hornartige Glasschnecke.

Taf. 2. Fig. 31—33.

V. testa globoso-depressa, tenuissima, striatula, pellucida, pallide cornea; spira brevi, obtusa; anfr. 4 vix convexis, ultimo multo latiore, subdepresso; apertura obliqua, ampla, lunari; perist. simplice, recto, margine dextro antrorsum arcuato, columellari declivi, leviter arcuato, superne brevissime reflexo-appresso.

Vitrina cornea, Pfr Symb. hist. Helic. III. p. 81.
— — Pfr. Mon. Helic. II. p. 505. nr. 38.
— — Albers Helic. p. 53.

Gehäuse kuglig-niedergedrückt, sehr dünn, schwachgerieft, durchsichtig, blass hornfarbig. Gewinde niedrig, stumpf. Umgänge 4, unmerklich gewölbt, der letzte viel breiter, etwas niedergedrückt. Mündung schräg gegen die Axe, weit, mondförmig. Mundsaum einfach, geradeaus, der rechte Rand nach vorwärts bogig verbreitert, der Spindelrand abschüssig, flach-bogig, oben sehr kurz zurückgeschlagen und angedrückt. — Durchmesser 8‴, Höhe 4½‴. (Aus meiner Sammlung.)

Aufenthalt: Port Natal in Südafrica.

23. Vitrina margarita Beck. Die Perl-Glasschnecke.

Taf. 2. Fig. 34—36.

V testa depresso-globosa, tenuissima, striatula, nitida, pellucida, carneo-hyalina; spira parvula, planiuscula; sutura lineari; anfr. 3½ subplanis, rapide accrescentibus, ultimo magno, inflato; apertura obliqua, lunato-subcirculari; perist. tenuissimo, margine supero antrorsum dilatato, columellari leviter arcuato.

Vitrina margarita, Beck mss. in Mus. Cuming.
— — Pfr. in Proceed. Zool. Soc. 1848. p. 104.
— — Pfr Mon. Helic. II. p. 500. nr. 23.
— marginata „Beck" Albers Helic. p. 53.

Gehäuse niedergedrückt-kuglig, äusserst dünn, zartgerieft, glänzend, durchsichtig, glashell mit fleischfarbigem Anflug. Gewinde klein, ziemlich platt. Naht linienförmig. Umgänge 3½, fast flach, sehr schnell zunehmend, der letzte gross, aufgeblasen. Mündung schräg gegen die Axe geneigt, mondförmig-rundlich. Mundsaum sehr dünn, der obere Rand nach vorn verbreitert, der Spindelrand seicht-bogig. — Durchmesser 4½—7‴, Höhe 3¾—4‴. (Aus meiner Sammlung.)

Aufenthalt: auf den Philippinischen Inseln Guimaras und Leyte.

24. Vitrina Beckiana Pfr. Beck's Glasschnecke.

Taf 2. Fig. 37—39.

V. testa depresso-globosa, circuitu ovali, tenuissima, striatula, pellucida, nitida, pallidissime rubello-cornea; spira mediocri, brevi, obtusa; anfr. fere 4 vix convexiusculis, celeriter accrescentibus, ultimo subdepresso, basi lato: apertura parum obliqua, lunato-rotundata, latiore quam alta; perist. simplice, marginibus remotis, supero regulariter arcuato, columellari superne reflexiusculo, basi recedente, perarcuato.

Vitrina affinis, Beck mss. in Mus. Cuming.
— Beckiana, Pfr. in Proceed. Zool. Soc. 1848. p. 105.
— — Pfr. Mon. Helic. II. p. 499. nr. 20.
— — Albers Helic. p. 52.

Gehäuse niedergedrückt-kuglig, im Umrisse oval, äusserst dünnschalig, zartgerieft, durchsichtig, glänzend, sehr blass röthlich-hornfarbig. Gewinde mittelgross, niedrig, stumpf. Umgänge fast 4, unmerklich gewölbt, schnell zunehmend, der letzte etwas niedergedrückt, unterseits breit. Mündung wenig gegen die Axe geneigt, monförmig-rundlich, breiter als hoch. Mundsaum einfach, mit entfernten Rändern, der rechte regelmässig bogig, der Spindelrand nach oben etwas zurückgeschlagen, am Grunde zurücktretend, stark bogig. — Durchmesser 8‴, Höhe 4‴. (Aus meiner Sammlung.)

Aufenthalt: auf den Philippinischen Inseln Negros, Siquijor und Guimaras entdeckt von H. Cuming.

25. Vitrina crenularis Beck. Die feinkerbige Glasschnecke.

Taf 3. Fig. 9—11.

V. testa depressa, tenuissima, glabra, nitida, pellucida, aurea; sutura plana; spira leviter impressa; anfr. 3½, juxta suturam plicato-crenulatis, rapide accrescentibus, ultimo depresso, basi lato; apertura obliqua, rotundato lunari, latiore quam alta; perist. tenui, subinflexo, margine supero antrorsum dilatato, columellari leviter arcuato, basali strictiusculo.

Vitrina crenularis, Beck mss. in Mus. Cuming.
— — Pfr. in Proceed. Zool. Soc. 1848. p. 106.
— — Pfr. Mon. Helic. II. p. 501. nr. 27.

Gehäuse niedergedrückt, äusserst dünnschalig, glatt, glänzend, durchsichtig, goldgelb. Gewinde flach. Naht leicht eingedrückt. Umgänge 3½, fast platt, schnell zunehmend, neben der Naht faltig-feingekerbt, der letzte niedergedrückt, unterseits breit. Mündung schräg gegen die Axe, rundlich-mondförmig, breiter als hoch. Mundsaum dünn, etwas nach innen umgeschlagen, der obere Rand nach vorn verbreitert, der Spindelrand flachbogig, der untere fast gestreckt. — Durchmesser 6½‴, Höhe 3½‴. (Aus meiner Sammlung.)

Aufenthalt: auf den Philippinischen Inseln Negros und Zebu.

26. Vitrina politissima Beck. Die glattpolirte Glasschnecke.

Taf. 2. Fig. 12 — 14.

V. testa globoso-depressa, solidula, laevigata, politissima, diaphana, cornea, saturatius radiata; spira mediocri, convexa; sutura impressa, submarginata; anfr. 4 convexiusculis, celeriter accrescentibus, ultimo depresso-rotundato, basi lato; apertura obliqua, lunato-rotundata, aeque alta ac lata; perist. simplice, margine dextro antrorsum arcuato, columellari leviter arcuato.

Vitrina politissima, Beck mss. in Mus. Cuming.
— — Pfr. in Proceed. Zool. Soc. 1848. p. 108.
— Pfr. Mon Helic. II. p. 499. nr. 21.
— — Albers Helic. p. 52.

Gehäuse kuglig-niedergedrückt, ziemlich festschalig, glatt, sehr glänzend, durchscheinend, hornfarbig mit dunkleren Strahlen. Gewinde mittelmässig, convex. Naht eingedrückt, schwach berandet. Umgänge 4, mässig gewölbt, schnell zunehmend, der letzte niedergedrückt, gerundet, unterseits breit. Mündung schräg gegen die Axe, mondförmig-rundlich, gleich hoch und breit. Mundsaum einfach, der rechte Rand bogig nach vorn verbreitert, der Spindelrand flachbogig. — Durchmesser 7‴, Höhe 3¾‴. (Aus meiner Sammlung.)

Aufenthalt: auf der Philippinischen Insel Zebu. (H. Cuming.)

27. Vitrina Leytensis Beck. Die Glasschnecke von Leyte.

Taf. 3. Fig 15 — 17.

V. testa depressa, circuita ovali, tenuissima, laevigata, nitidissima, lutescenti-carnea;

spira planiuscula, vix elevata; sutura leviter impressa; anfr. 3 rapide accrescentibus, ultimo subplano, basi convexiore, latiusculo; apertura parum obliqua, rotundato-lunari, latiore quam alta; perist. tenuissimo, margine supero parum arcuato, columellari superne reflexiusculo, basi cum inferiore angulum obtusum formante.

Vitrina Leytensis, Beck mss. in Mus. Cuming.
— — Pfr. in Proceed. Zool. Soc. 1848. p. 105.
— — Pfr. Mon. Helic. II. p. 500. nr. 22.

Gehäuse niedergedrückt, im Umrisse oval, sehr dünnschalig, glatt, stark glänzend, gelblich-fleischfarbig. Gewinde fast platt, kaum erhoben. Naht leicht eingedrückt. Umgänge 3, sehr rasch zunehmend, der letzte oberseits ziemlich flach, unterseits convexer, ziemlich breit. Mündung wenig gegen die Axe geneigt, rundlich-mondförmig, breiter als hoch. Mundsaum äusserst dünn, der rechte Band flach bogig, der Spindelrand nach oben etwas zurückgeschlagen, am Grunde mit dem untern Rande einen stumpfen Winkel bildend. — Durchmesser 6½''', Höhe 3½'''. (Aus meiner Sammlung.)

Aufenthalt: auf der Philippinischen Leyte, eine etwas grössere, weniger durchsichtige, gelblichweisse Varietät auf der Insel Siquijor. (Cuming.)

28. Vitrina castanea Pfr. Die kastanienbraune Glasschnecke.

Taf. 6. Fig. 1—3. Vergr. Fig. 4

V. testa depressa, ambitu ovali, striatula, nitidissima, castanea; spira plana; anfr 3 vix convexiusculis, ultimo magno, basi lato membranaceo-marginato; apertura parum obliqua, lunato-ovali; perist. luteo-limbato, margine membranaceo.

Vitrina castanea, Pfr. in Proceed. Zool. Soc 1852. p. 56
— — Pfr. Mon Helic. Suppl. p. 5. nr. 56

Gehäuse niedergedrückt, im Umrisse oval, zart gerieft, stark glänzend, kastanienbraun. Gewinde flach. Umgänge 3, unmerklich gewölbt, unterseits breit häutig-berandet. Mündung wenig gegen die Axe geneigt, mondförmig-oval. Mundsaum gelb-besäumt, mit häutigem Rande. — Durchmesser 4½''', Höhe 2½'''. (Aus meiner Sammlung.)

Aufenthalt: in Australien.

29. Vitrina virens Pfr. Die grünliche Glasschnecke.

Taf. 6. Fig. 5—7.

V. testa depressiuscula, subsemiovali, subtilissime striatula, nitidula, corneo-virenti; spira planiuscula; sutura vix impressa; anfr. 3 vix convexiusculis, rapide accrescentibus ultimo subdepresso-rotundato, basi anguste membranaceo-marginato; apertura obliqua, lunato-subcirculari; perist. tenui, subinflexo, undique regulariter arcuato

Vitrina virens, Pfr. in Proceed. Zool. Soc. 1848. p. 108.
— — Pfr. Mon. Helic. II p. 510. nr. 56.

Gehäuse mässig niedergedrückt, fast halbeiförmig, äusserst feingerieft, ziemlich glänzend, hornfarbig-grünlich. Gewinde beinahe platt. Naht kaum merklich eingedrückt. Umgänge 3, sehr wenig gewölbt, sehr schnell zunehmend, der letzte etwas niedergedrückt-gerundet, unterseits mit einem schmalen häutigen Saume besetzt. Mündung schräg gegen die Axe, mondförmig-rundlich. Mundsaum dünn, etwas eingebogen, überall gleichmässig bogig. — Durchmesser 8''', Höhe 4'''. (Aus meiner Sammlung.)

Aufenthalt: Moreton-Bay in Australien.

30. Vitrina Keppelli Pfr. Keppell's Glasschnecke.

Taf. 6. Fig. 8—10.

V. testa depressa, ambitu oblonga, tenui, arcuatim praesertim ad suturam striatula, nitidissima, pellucida, albido-virente; spira plana, vertice subtili vix prominulo; sutura impressa, submarginata; anfr. vix 3 rapide accrescentibus, ultimo basi convexo, angusto; apertura ampla obliqua, ovali; perist. simplice, recto, margine dextro antrorsum dilatato, columellari perarcuato, membranaceo-submarginato.

Vitrina Keppelli, Pfr. in Zeitschr. f. Malak. 1853. p 51.
— — Pfr. Mon. Helic. Suppl. p. 622.

Gehäuse niedergedrückt, im Umrisse länglich, dünnschalig, bogig schwach gerieft, besonders neben der Naht, sehr glänzend, durchsichtig, weissgrünlich. Gewinde flach, mit feinem, kaum vorragendem Wirbel. Naht eingedrückt, undeutlich berandet. Umgänge kaum 3, schnell zunehmend, der letzte unterseits convex, schmal. Mündung weit, schräg gegen die Axe, oval. Mundsaum einfach, geradeaus. der rechte Rand nach vorn verbreitert, der Spindelrand stark gekrümmt, mit schwachem häutigem Saume. — Durchmesser 7''', Höhe 3'''. (Aus H. Cuming's Sammlung.)

Aufenthalt in Neu-Caledonien entdeckt von Capitain Keppell.

31. Vitrina rufescens Pfr. Die rothbräunliche Glasschnecke.

Taf. 6. Fig. 11—13.

A. testa depresso-globosa, tenuissima, plicatula, nitida, pellucida, rufescente; spira breviter conoidea, obtusiuscula; sutura impressa; anfr. fere 4 convexiusculis, celeriter accrescentibus, ultimo ventroso; apertura vix obliqua, lunato subcirculari; perist. tenui, subinflexo, marginibus remotis, supero regulariter, columellari leviter arcuato.

Vitrina rufescens, Pfr. in Proceed. Zool Soc. 1848. p. 106.
— — Pfr Mon. Helic. II. p 501. nr. 25.

Gehäuse niedergedrückt-kuglig, äusserst dünn, schwach gefältet, glänzend, durchsichtig, rothbräunlich. Gewinde niedrig conoidisch, mit stumpflichem Wirbel. Naht eingedrückt. Umgänge fast 4, mässig gewölbt, schnell anwachsend, der letzte bauchig. Mündung kaum merklich geneigt gegen die Axe, mondförmig, fast rund. Mundsaum dünn, etwas eingebogen, mit entfernten Rändern, der obere Rand eine regelmässige, der Spindelrand eine flache Bogenlinie bildend. — Durchmesser 6½''', Höhe 4'''. (Aus meiner Sammlung.)

Aufenthalt: auf der Philippinischen Insel Mindoro. (H. Cuming.)

32. Vitrina planospira Pfr. Die plattgewundene Glasschnecke.

Taf. 6. Fig. 14—16.

V. testa ambitu ovali, tenui, striatula, pellucida, nitida, corneo-virente; spira parvula, plana; sutura vix impressa; anfr. 3 rapidissime accrescentibus, ultimo superne depresso, basi convexiore, angusto, membranaceo-submarginato; apertura ampla, perobliqua, lunato-rotundata, intus submargaritacea; perist. tenui, margine dextro arcuatim antrorsum dilatato, expansiusculo, columellari perarcuato.

Vitrina planospira, Pfr. in Zeitschr. f. Malak. 1853. p. 51.
— — Pfr. Mon. Helic. Suppl. p. 623.

Gehäuse im Umrisse oval, dünn, schwach gerieft, durchsichtig, glänzend, hornfarbig-grünlich. Gewinde klein, platt. Naht unmerklich eingedrückt. Umgänge 3, äusserst schnell zunehmend, der letzte oberseits niedergedrückt, unterseits convexer, schmal, schwach häutig-besäumt. Mündung weit, sehr schief gegen die Axe, mondförmig-rundlich, innen etwas perlglänzend. Mundsaum dünn, der rechte Rand bogig nach vorn verbreitert, etwas ausgebreitet, der Spindelrand stark gekrümmt. — Durchmesser 6½''', Höhe 3½'''. (Aus H. Cuming's Sammlung.)

Aufenthalt: auf den Salomon's Inseln.

33. Vitrina Angelicae Beck. Die Angelica-Glasschnecke.

Taf. 6. Fig. 29—32. Vergr. Fig. 33.

V. testa convexiusculo-depressa, laevigata, nitida, pellucida, virenti-lutea; spira parvula, subprominula; sutura subtiliter crenulata; anfr. $3^1/_2$ rapide accrescentibus, ultimo subtus lato; apertura obliqua, lunato-ovali; perist. simplice, subinflexo, margine columellari non recedente, leviter arcuato.

Helix pellucida, Fabric Faun. Groenl.
— domestica. Ström.? (Beck)
Vitrina Angelicae, Beck Ind. p. 1. nr. 6.
— — Möller Ind. moll. Groenl. p. 4.
— — Pfr Mon. Helic. II. p. 509. nr. 54.

Diese kleine Art, welche ich nach Exemplaren der Cuming'schen Sammlung beschrieben habe, deren Abbildung aber Kopie von Beck's noch unedirtem grossem Kupferwerke: M. R. C. VIII. t. 1. f. 2., ist, hat einen Durchmesser von 3‴ und eine Höhe von 1⅔‴. Sie ist der Vitrina pellucida Müller äusserst ähnlich, und lässt sich fast nur durch schneller zunehmende Umgänge und die Gestalt der Mündung, welche mondförmig-oval ist, von jener unterscheiden.

Aufenthalt: in Grönland.

34. Vitrina Ceylonica Beck. Die ceylonsche Glasschnecke.

Taf. 6. Fig 34 — 37 · Vergr. Fig. 38

Diese Art ist noch unbeschrieben, und ich habe auch unter den zahlreichen Landschnecken von Ceylon, welche ich untersucht habe, keine gefunden, welche zu der hier kopirten Abbildung von Beck M. R. C. VIII. t. 1. f. 3. (Ind. p. 2. nr. 12.) passt. Auch die beiden neuerlich von Benson beschriebenen: Vitrina Edgariana und membranacea von Ceylon scheinen nicht mit ihr übereinzustimmen. Ich kann daher nur durch die Abbildung auf diese hübsche Art aufmerksam machen.

III. Simpulopsis Beck.

Eine Anzahl in der Gestalt der Schale zwischen Vitrina und Succinea stehende Schnecken wurde zuerst von Beck unter dem Namen Simpulopsis als Untergattung von Succinea vereinigt. Da damals über die Thiere derselben weniger oder nichts bekannt war, so stellte ich dieselben in meiner Monogr. Helic. als letzte Gruppe an's Ende der Gattung Vitrina, und auch Albers (Helic. p. 53.) betrachtete sie als Untergattung von Vitrina. In der neuesten Zeit ist das Thier einer auf Portorico vorkommenden Art bekannt geworden, und es zeigt sich, dass dasselbe mit Succinea allerdings näher verwandt (wenn auch durch einige anatomische Merkmale verschieden) ist, wodurch die Erhebung dieser Gruppe zur selbständigen Gattung gerechtfertigt erscheint. Dieses ist durch Shuttleworth (Diagn. neuer Moll. nr. 6. S. 147.) geschehen, und er gibt folgende Characteristik der Gattung:

„Gehäuse undurchbohrt, halbeiförmig, äusserst dünn, fast hautartig. Gewinde kurz. Umgänge 3—3½, sehr schnell zunehmend, der letzte bauchig. Mündung weit, schief rundlich-oval. Spindel bogig, scharf und etwas verbreitert.

Thier helixförmig, ganz in der Schale eingeschlossen, mit breitem, unterseits quer gefaltetem Fusse. Mantel ohne Anhängsel.“

Die bisher bekannten Arten leben meist in Brasilien; eine mit Helix sulculosa sehr nahe verwandte Art auf den Salomon's Inseln, und Simpulopsis Portoricensis Shuttl. ist von Blauner auf Portorico entdeckt worden. — Die beiden nahe mit einander verwandten Bul. citrinovitreus Moric. (Vergl. in diesem Werke Bulimus Nr. 303. T. 60. F. 13. 14.) und Boissieri Moric. (Bulimus Nr. 304. T. 60. F. 15. 16.) scheinen ebenfalls zu dieser Gattung gezählt werden zu müssen, und ich vermuthe sogar, dass letztere Art mit Helix progaster Orb., welche ich bereits im Supplemente meiner Monographie in dieselbe Gruppe gestellt habe, als grössere Form zusammenfällt, da kleinere Exemplare derselben vollkommen mit D'Orbigny's Beschreibung und Abbildung derselben übereinstimmen.

1. Simpulopsis Salomonia Pfr. Die Salomons-Simpulopse.

Taf. 6. Fig. 17—19.

V. testa globoso-conica, tenuissima, confertim oblique plicata, pellucida, nitida, fusco-olivacea; spira conica, obtusiuscula; sutura impressa; anfr. 4 convexiusculis, ultimo 3/5 longitudinis subaequante; apertura obliqua, ovali; perist. simplice, recto, marginibus regulariter arcuatis.

Vitrina Salomonia, Pfr. in Zeitschr. f. Malak. 1853. p. 51.
— — Pfr. Mon Helic. Suppl. p. 623. nr. 75.

Gehäuse kuglig-conisch, äusserst dünnschalig, dicht schräggefaltet, durchsichtig, glänzend, bräunlich-olivengrün. Gewinde conisch, mit ziemlich stumpfem Wirbel. Naht eingedrückt. Umgänge 4, gewölbt, der letzte ungefähr 3|5 der ganzen Länge bildend. Mündung schräg gegen die Axe, oval. Mundsaum einfach, geradeaus, beide Ränder regelmässige Bogenlinie bildend. — Länge 5½‴, Durchmesser 4½‴. (Aus H. Cuming's Sammlung.)

Aufenthalt: auf den Salomon's Inseln.

2. Simpulopsis obtusa Sowerby. Die plattgewundene Simpulopse.

Taf. 3. Fig. 1. 2.

V. testa semiovali, ventrosa, tenuissima, oblique confertim plicata, pallide virescenti-lutea; spira parvula, vix prominula; anfr 3 rapide accrescentibus, ultimo inflato; apertura perobliqua, amplissima, irregulariter ovali, deorsum dilatata; columella subangulato-arcuata.

Succinea obtusa, Sowerby Gen. of shells nr. 9. f. 2.
— — Reeve Conch. syst. II. t 180. f. 2.
Helix obtusa (Cochlohydra). Féruss. Hist. t. 9. B. f. 5.
— brasiliensis, Moric. Mém. 3em. suppl. p. 54. t. 5. f. 5.
Simpulopsis obtusa, Beck Ind. p. 100. nr. 3.
Vitrina Brasiliensis, Pfr. Symb. hist. Helic. II. p. 62.
— obtusa, Pfr. ibid. p. 62. Mon. Helic. II. p. 511. nr. 58.
— — (Simpulopsis) Albers Helic. p. 53.
— — Desh. in Fér. hist. II. p. 96[25]. nr. 12.

Gehäuse halbeiförmig, bauchig, sehr dünnschalig, dicht schräggefaltet, blass grünlichgelb. Gewinde klein, kaum vorragend. Umgänge 3, sehr rasch zunehmend, der letzte aufgeblasen. Mündung sehr schief gegen die Axe, sehr weit, unregelmässig oval, nach unten verbreitert.

Spindelrand fast winklig-gebogen. — Durchmesser 8½‴, Höhe 4¾‴. (Aus meiner Sammlung.)
Aufenthalt: in der Provinz Bahia in Brasilien.

3. Simpulopsis rufovirens Moricand. Die braungrünliche Simpulopse.

Taf. 3. Fig. 3. 4.

V. testa subsemiglobosa, tenuissima, membranacea, oblique confertim plicata, pellucida, sericina, fusco virenti; spira prominula, conoidea, obtusiuscula; anfr. 3½ convexiusculis, ultimo inflato · columella valde arcuata; apertura perobliqua, rotundato-ovali, superne angulosa.

Succinea rufovirens, Moric. Mém 3em. suppl. p. 53. t. 5. f. 4.
Vitrina rufovirens, Pfr. Symb. hist. Helic. III. p. 45.
— — Pfr. Mon. Helic. II. p. 511. nr. 59.
— — (Simpulopsis) Albers Helic. p. 53.

Gehäuse fast halbkuglig, äusserst dünn, hautartig, schräg dichtgefaltet, durchsichtig, seidenglänzend, braungrünlich. Gewinde vorstehend, conoidisch, mit ziemlich stumpfem Wirbel. Umgänge 3½, mässig gewölbt, der letzte aufgeblasen. Spindelrand stark bogig. Mündung sehr schief gegen die Axe, rundlich-oval, oben winklig. — Durchmesser 7½‴, Höhe 3½‴. (Aus meiner Sammlung.)
Aufenthalt: Bahia in Brasilien.

4. Simpulopsis atrovirens Moricand. Die schwarzgrünliche Simpulopse.

Taf. 3. Fig. 5. 6.

V. testa semiovali, ventrosa, membranacea, sublaevigata, pellucida, vix nitidula (pruinosa), atrovirente; spira brevissima, depressa; anfr. 3—3½, penultimo vix convexo, ultimo magno, inflato; apertura ampla, obliqua, rotundato-ovali; columella perarcuata, basi strictiuscula.

Helix obtusa, Moric. Mém. Genève VII. p. 426. t. 2. f. 1.
Simpulopsis atrovirens, Beck Ind. p. 100. nr. 4.
Vitrina atrovirens, Jay Catal. 1839. p. 43.
— — Pfr. Mon. Helic. II. p. 511. nr. 57.
— — (Simpulopsis) Albers Helic. p 53.

Gehäuse halbeiförmig, bauchig, hautartig, fast glatt, durchsichtig, fast glanzlos (wie bereift), schwarzgrünlich. Gewinde sehr niedrig, niedergedrückt. Umgänge 3—3½, der vorletzte kaum merklich gewölbt, der letzte gross, aufgeblasen. Mündung weit, schräg gegen die Axe, rundlich-oval. Spindelrand stark gekrümmt, am Grunde fast gestreckt. — Durchmesser 9''', Höhe 5'''. (Aus meiner Sammlung.)

Aufenthalt: in Bahia in Brasilien.

5. Simpulopsis sulculosa Férussac. Die schwachgefurchte Simpulopse.

Taf. 3. Fig. 7. 8.

V. testa conico-subglobosa, tenui, membranacea, oblique plicatula, pellucida, vix nitidula, flavescenti-cornea; spira elevata, conoidea, apice acuta, anfr. $4^1/_2$ convexiusculis, ultimo ventrosiore apertura parum obliqua, rotundato-ovali, superne angulosa; columella regulariter arcuata.

Helix sulculosa (Cochlohydra), Féruss. Prodr. nr. 14. Hist. t. 11. A. f. 6.
Succinea sulculosa, Gray in Annals of Philos. 1825. IX. p. 415.
— — Moric. Mém. 3em. suppl. p. 54.
— membranacea, Mich. teste Villa disp syst. p. 9.
Simpulopsis sulculosa, Beck Ind. p. 100. nr. 2.
Vitrina sulculosa, Pfr. Symb. III. p. 45 Mon. Helic. II. p. 512. nr. 60.
— — Albers Helic p. 53
— — Desh in Fér hist. I p. 96²³. nr. 13.

Gehäuse kuglig-conisch, dünnschalig, hautartig, schräg gefaltet, durchsichtig, fast glanzlos, gelblich-hornfarbig. Gewinde erhoben, conoidisch, mit spitzem Wirbel, Umgänge $4^1|_2$, mässig gewölbt, der letzte bauchiger. Mündung wenig schräg gegen die Axe, rundlich-oval, oben winklig. Spindelrand regelmässig gekrümmt. — Durchmesser 7''', Höhe $4^1|_2$'''. (Aus meiner Sammlung.)

Aufenthalt: in Brasilien.

IV. Succinea Draparnaud. Bernsteinschnecke.

Succinea Draparnaud, Lamark, C. Pfeiffer, Blainville, Deshayes, Rossmässler, Potiez et Michaud, Anton, Gray, Reeve, Catlow, L. Pfeiffer, Albers, Philippi etc.; Amphibulima Lam.; Amphibulimus Montf.; Lucena Oken; Tapada Studer; Amphibulina Hartm.; Amphibina Hartm.; Cochlohydra Fér.; Helisiga d'Orb.; Omalonyx d'Orb.; Petta Beck.

Thier amphibisch, im Aeussern dem Typus der Heliceen entsprechend; obere Fühler conoidisch, aufgetrieben. Soll auch im innern Baue von Bulimus und den übrigen verwandten Gattungen einige Abweichungen zeigen.

Gehäuse undurchbohrt, doch in einzelnen Fällen wegen geringer Breite der untern Wandung der Umgänge von unten bis zur Spitze offen, dünnschalig, eiförmig oder länglich. Gewinde klein. Mündung gross, mehr oder weniger regelmässig oval. Spindelrand stets einfach, geradeaus. Mundsaum einfach, scharf. (Vgl. Pfr. Mon. Helic. I. p. XIV.)

Alle Succineen leben an feuchten Orten, zum Theil auf im Wasser stehenden Pflanzen. Sie sind sämmtlich von mittlerer Grösse, meist einfarbig oder von einfacher Zeichnung, und bieten überhaupt so wenig specifische Charaktere dar, dass es sehr schwer ist, die einzelnen Arten durch Beschreibung kenntlich zu machen, oder dieselben auch nach den Beschreibungen zu bestimmen, namentlich wenn man hinsichtlich des Fundortes nicht sicher ist. Die Arten sind sehr zahlreich, und wir können hier nur eine Auswahl der interessantesten Formen geben.

1. Succinea putris Linné. Die amphibische Bernsteinschnecke.

Taf. 1. Fig. 18—24.

S. testa ovata, tenui, rugoso-striatula, pellucida, nitidula, succinea vel straminea; spira conica, acutiuscula; anfr. 3—3¹/₂ convexiusculis, ultimo ventrosiore, ¹/₃ longitudinis subaequante; sutura levi; columella simplice, leviter arcuata; apertura vix obliqua, ovali, superne angulata.

Helix putris, Linn. Syst. ed. X. p. 774. Ed XII. p. 1249. nr. 705
— — Gmel. Syst. p. 3659. nr. 135.

Helix putris, Sturm Fauna VI. H. 1. T. 16.
— — (Corhlobydra), Fér. Prodr. nr. 9. Hist. t. 11. f. 4. 8. 9.
— succinea, Müller Hist. II. p. 97. nr. 296.
— — Chem. Conch. IX. P. 2. p. 178. t. 135. f. 1248.
— limosa, Dillw. Descr. Cat. II. p. 966. nr. 175.
Neritostoma vetula, Klein ostr. p. 55. t. 3. f. 70.
Turbo trianfractus, Da Costa Brit. Conch. p. 92. t. 5. f. 13.
Bulimus succineus, Brug. in Encycl. méth. I. p. 308. nr. 18.
Succinea amphibia, Drap. Tabl. Moll. p. 55. nr. 1.
— — Drap. hist. p. 58. t. 3. f. 22. 23.
— — Lam. Hist. VI. 2. p. 135. nr. 2. Ed Desh. VIII. p. 316.
— — C. Pfr Nat. I. p. 67. t. 3. f. 36—38. III. p. 55.
— Rossm. Icon. I. p 91. t. 2. f. 45.
— — Blainv. Malak. p. 455. t. 38. f. 4.
— — Desh. in Ann. sc. nat. XXII. p. 345. Anat. (Conf. Isis 1835. p. 184. t. 7.)
— Charpentier Catal. moll. Suisse p. 4.
— Swains. Malac. p. 328. f. 96.
— Reeve Conch. syst. II. t. 180. f. 3.
— Sow. Conch. Man. f. 265.
— Philippi Moll. Sicil. II. p. 102.
— Morelet Moll. Portug. p. 52. t. 5. f. 2.
— — Graells. Cat. Moll. Esp. p. 2.
— putris, Fleming Brit. An. p. 267.
— — Beck Ind p. 99. nr. 8.
— — Gray Manual p. 178. t. 6. f. 73.
— — Pfr. Mon. Helic. II. p. 513. nr. 1.
— — (Tapada) Albers Helic. p. 55.
— — Malm Zool. Observ. p. 112.
— — Desh. in Fér. hist. II. p. 136. nr. 7.
— — De Betta Malac. Valle di Non p. 27.
— Mülleri, Leach Moll. p. 27.
Amphibulina succinea, Lam. in Ann. du Mus. VI. p. 306.
Tapada putris, Stud. Verzeichn. p. 11.
Limnea succinea, Flem. teste Gray.
Amphibina putris, Hartm. in Neue Alpina I. p. 247.

Gehäuse eiförmig, dünnschalig, etwas runzlig-gerieft, durchsichtig, ziemlich glänzend, bernsteinfarbig oder strohgelb, Gewinde conisch, ziemlich spitz. Umgänge 3—3½, mässig gewölbt, der letzte bauchiger, ungefähr ⅔ der ganzen Länge bildend. Naht mittelmässig. Spindelrand einfach, flachbogig. Mündung sehr wenig gegen die Axe geneigt, oben winkig. — Länge der gewöhnlichen ausgewachsenen Exemplare $7\frac{1}{2}$—8''', Durchmesser $3\frac{1}{2}$—4'''. (Fig. 21. 22.)

Varietät 1: Grösser, meist röthlich bernsteinfarbig. (Fig. 18—20.)

Varietät 2: Noch grösser, röthlich: Fér. t. 11. f. 7. (Fig. 23. 24.)

Aufenthalt: verbreitet im grössten Theile von Europa. Die ausgezeichnete Form Fig. 23. 24. fand ich bei Sziglegeth am Plattensee in Ungarn.

2. Succinea Pfeifferi Rossmässler. Pfeiffer's Bernsteinschnecke.

Taf. 3. Fig 25—27. Var Taf. 5 Fig 30—35

S. testa oblongo ovata, solidula, striatula, pellucida nitidula succinea vel cornea lutescente; spira brevi, conica, subpapillata; anfr 3 vix convexis, ultimo $^3/_4$ longitudinis fere aequante, utrinque attenuato; apertura elongato-ovata, superne acutiuscula, basi oblique pone axin recedente, intus margaritacea, striata; columella levissime arcuata.

Helix putris ×, Fér. Hist. t. 11. f 13.
— angusta, Studer in Coxe travels.?
Tapada succinea, Stud. Verz. p 11.?
Amphibulina putris var., Hartm. in Sturm Fauna VI. II. 8. T 6 7.
Succinea amphibia β, Nilss. Hist. moll Suec. p. 41.
— — Philippi Sicil. I. p 142.
— oblonga, Turton Manual f. 74.
— gracilis, Alder in Mag. Zool. and Bot. II. p. 106.
— calycina, Menke Syn. ed sec. p. 14
— levantina, Desh Expéd. Moree. Zool. p 170. t 19. f. 25—27.
— — Desh. in Lam hist. VIII. p. 317. nr. 4.
— — Cantraine Malac médit. p. 154.
— — Graells Cat. Mol Esp. p. 2.
— Pfeifferi, Rossm Ic. I. p. 92 t. 2. f 46.
— Beck Ind. p 99 nr. 7.
— — Gray Man p. 179. t. 6. f. 74.
— — Philippi Sicil. II p. 102.
— — Pfr. Mon Helic. II. p 514. nr. 2.
— — (Tapada) Albers Helic. p. 55.
— Strobel Malac. Ungh p 8. nr 5.
— — Desh. in Fér. hist. II p. 133. nr. 3.
— — De Betta Malac. Valle di Non p. 29.
— bulina „Fér" F. Schmidt Krain. Moll. p. 21.

Gehäuse länglich-eiförmig, ziemlich festschalig, schwachgerieft, durchsichtig, mattglänzend, bernsteinfarbig, oder horngelblich. Gewinde kurz, conisch, mit fast warzenartigem Wirbel. Umgänge 3, sehr wenig gewölbt, der letzte fast 3|4 der ganzen Länge bildend, nach beiden Extremitäten verschmälert. Mündung länglich-eiförmig, nach oben ziemlich zugespitzt, an der Basis schräg hinter die Axe zurücktretend, innen etwas perlartig, gerieft. Spindel sehr flach-bogig. — Länge 6''', Durchmesser 3 — 3½'''.

Varietät 1: Grösser:

Succinea Banatica Stentz teste Strobel.

Varietät 2: kleiner, mit etwas festerer Schale. (Taf. 5. Fig. 30—32.)

Succinea intermedia Bean mss. in Mus. Cuming.

Varietät 3: Ebenso mit etwas verlängertem Gewinde. (Taf. 5. Fig. 33 — 35.)

Succinea Mediolanensis, Villa in sched.

Varietät 4: Glashell; Länge 8''', Durchmesser 3½'''. (Abyssinien und Liberia.)

Aufenthalt: zerstreut in Deutschland, der Schweiz, Frankreich, England, Ungarn, Illyrien, Italien, Sicilien, Spanien, Morea.

3. Succinea arenaria Bouchard. Die Sand-Bernsteinschnecke.

Taf. 3. Fig 31. 32. Vergr. Fig. 33.

S. testa ovato-acuta sordide succinea, striatula, pellucida, nitidula; spira conica, acutiuscula; sutura profunda; anfr. 3½ convexis, ultimo 3/5 longitudinis aequante; columella regulariter arcuata; apertura parum obliqua, regulari, ovali, basi rotundata; perist. simplicissimo.

Succinea arenaria, Bouchard Catal.
— — Pot. et Mich. Gal. I. p 67. t. 11. f. 3. 4.
— — Pfr. Mon Helic. II. p. 517 nr. 7.
— — Malm Zoolog Observ. p. 113.
— — (Tapada) Albers Helic. p. 55.

Gehäuse zugespitzt-eiförmig, gerieft, durchsichtig, schwach glänzend, schmutzig bernsteinfarbig. Gewinde conisch, ziemlich spitz. Naht tief. Umgänge 3½, convex, der letzte 3|5 der ganzen Länge bildend. Spindelrand regelmässig gebogen. Mündung wenig schief gegen die Axe, regelmässig oval, an der Basis gerundet. Mundsaum ganz einfach. — Länge 3½''', Durchmesser 2¼'''. (Aus meiner Semmlung.)

Aufenthalt: zerstreut in Frankreich, Deutschland, Dänemark und Schweden; eine kleinere, etwas dickschaligere, fast glanzlose, gelbliche Varietät bei Westerhof unweit Göttingen!

4. Succinea rubescens Deshayes. Die rosenrothe Bernsteinschnecke.

Taf. 3. Fig. 34 34.

S. testa ovata, tenui, striatula et minutissime reticulata, rosea, absque nitore; spira brevissima, obtusa; anfr. 3 convexiusculis, ultimo inflato, 4/5 longitudinis subaequante; columella retrorsum perarcuata; apertura amplissima, late ovali, basi dilatata, superne angulata.

Succinea rubescens, Desh. in Guér. Mag. 1830. Moll. t. 1.
— — Desh. in Encycl. méth. II. p. 20. nr. 4.
— Guérin Iconogr. Moll. t. 6. f. 8.
— Desh. in Lam. hist. VIII. p. 319. nr. 9.
— Pfr. Mon. Helic. II. p. 531. nr. 65.
— (Tapada) Albers Helic. p. 55.
— — Desh. in Fér. hist. II. p. 139. nr. 11.
Helix rubescens (Cochlohydra) Fér. Hist. t. 9. B. f. 3.
Amphibulina rubescens, Beck Ind. p. 98 nr. 5

Gehäuse eiförmig, dünnschalig, schwachgerieft und äusserst fein gegittert, rosenroth ohne Glanz. Gewinde sehr kurz, stumpf. Umgänge 3, mässig gewölbt, der letzte aufgeblasen, 4/5 der ganzen Länge bildend; Spindelrand nach hinten stark gekrümmt. Mündung sehr weit, breit eiförmig, an der Basis verbreitert, nach oben etwas winklig. — Länge 9—11¼''', Durchmesser 6—7'''. (Aus meiner Sammlung.)

Aufenthalt: auf der Insel Guadeloupe.

5. Succinea pinguis Pfr. Die fette Bernsteinschnecke.

Taf. 3. Fig. 36 37.

S. testa semiovali, tenui, longitudinaliter striata, lineis impressis, transversis magis minusve confertis sculpta, diaphana, luteo-cornea; spira brevissima, obtusa, mamillata; anfr. 2½ convexis; apertura patula, ovali; columella leviter arcuata

Succinea pinguis, Pfr. in Zeitschr. f. Malak. 1847. p. 65.
— — Pfr. Mon. Helic. II. p. 529. nr. 56.
— — (Tapada) Albers Helic. p. 55.

Gehäuse halbeiförmig, dünnschalig, längsriefig, mit mehr oder weniger dicht stehenden eingedrückten Querlinien, durchscheinend, von mattem fettigem Ansehen, hornfarbig-gelblich. Gewinde sehr kurz, stumpf, warzenartig. Umgänge 2½, gewölbt, der letzte fast ⅘ der ganzen Länge bildend. Mündung etwas schräg gegen die Axe, oval. Spindelrand flachbogig. — Länge 9''', Durchmesser 5½'''. (Aus meiner Sammlung.)

Aufenthalt auf der Insel Masafuera an der Küste von Chile. (H. Cuming.)

Bemerkung. Diese Art ist vielleicht identisch mit der unvollkommen beschriebenen und nirgends abgebildeten Succ. fragilis King von Juan Fernandez.

6. Succinea Delalandei Pfr. Delalande's Bernsteinschnecke.

Taf. 3. Fig. 38—40.

S. testa ovato-elongata, solidiuscula, striata et impresso-punctata, pellucida, succinea; spira elongato-conica, apice acuta; anfr. 3½ perconvexis, ultimo ⅗ longitudinis subaequante, columella leviter arcuata, subcallosa; apertura obliqua, regulariter ovali; perist. simplice, recto, marginibus callo tenui junctis.

Helix (Cochlohydra) elongata γ, Fér. Prodr. p. 27. Hist. t. 11. A. f. 11.
Succinea Delalandei, Pfr. in Zeitschr. f. Malak. 1851. p. 28.
— —. Pfr. Mon. Helic. suppl. p. 11. nr. 24.

Gehäuse eiförmig-länglich, ziemlich festschalig, gerieft und eingedrückt-punktirt, durchsichtig, bernsteinfarbig. Gewinde verlängert-conisch, mit spitzem Wirbel. Umgänge 3½, stark gewölbt, der letzte ungefähr ⅗ der ganzen Länge bildend. Spindelrand flach-bogig, etwas schwielig. Mündung schräg gegen die Axe, regelmässig oval. Mundsaum einfach, geradeaus, seine Ränder durch eine dünne Schmelzlage verbunden. — Länge 4½''', Durchmesser 1¾'''. (Aus meiner Sammlung.)

Aufenthalt: in der Nähe von salzigen Sümpfen; am Kap zuerst von Delalande gefunden und Férussac mitgetheilt, dann ebenso bei Basgaarm's Kraal gesammelt von Benson.

7. Succinea picta Pfr. Die bemalte Bernsteinschnecke.

Taf. 3. Fig. 1. 2.

S. testa semiovata, tenuissima, longitudinaliter striatula et irregulariter plicata, pellucida, nitidissima, rubenti-fulva, roseo-albido strigata; spira minima, papillata; sutura levi; anfr. 2½, ultimo inflato, antice lineis impressis spiralibus notato; columella superne subcallosa, recedente, leviter arcuata; apertura ampla, parum obliqua, angulato ovali, intus rubenti-fulva; perist. simplice, ad insertionem subinflexo.

Succinea picta, Pfr in Proceed. Zool. Soc. 1849. p. 133.
— — Pfr Mon. Helic. Suppl. p. 12. nr. 29.
— imperialis, Benson in Ann. and Mag. N H. 1851. Mart. p. 262.

Gehäuse eiförmig, äusserst dünn, der Länge nach feingerieft und unregelmässig gefaltet, durchsichtig, sehr glänzend, röthlich braungelb mit röthlichweissen Striemen. Gewinde sehr klein, warzenartig. Naht flach. Umgänge 2¹|₂, der letzte aufgeblasen, nach vorn mit eingedrückten Spirallinien besetzt. Spindelrand zurücktretend, flach-bogig, nach oben etwas schwielig. Mündung weit, wenig gegen die Axe geneigt, winklig-oval, innen röthlich-gelb. Mundsaum einfach, an der Einfügungsstelle etwas eingebogen. — Länge 8¹|₂''', Durchmesser 5¹|₂'''. (Aus meiner Sammlung.)

Aufenthalt: am Diana-Peak auf der Insel St. Helena.

8. Succinea appendiculata Pfr. Die anhängseltragende Bernsteinschnecke.

Taf. 4. Fig. 3. 4.

S. testa ovata, depressa, tenui, subtilissime striatula, vix nitida, roseo-lutescenti; spira minima, vix prominula; anfr. 2, ultimo vix convexo, columella callosa, aperta, appendicula dilatata torta superne munita; apertura regulariter ovali; perist. simplice, margine dextro superne subsinuoso.

Succinea appendiculata, Pfr. in Zeitschr. f. Malak. 1847. p. 146.
— — Pfr. Mon. Helic. II. p 531. nr. 67.
— (Tapada) Albers Helic. p. 55.
— — Petit in Journ. Conch. 1851. p. 427.

Gehäuse niedergedrückt-eiförmig, dünnschalig, sehr schwach gerieft, fast glanzlos, röthlichgelb. Gewinde sehr klein, kaum vorragend. Umgänge 2, der letzte kaum gewölbt. Spindelrand offen, schwielig, nach oben mit einem verbreiterten, gedrehten Plättchen besetzt. Mündung regelmässig oval. Mundsaum einfach, der rechte Rand oben etwas buchtig. — Länge 7''', Durchmesser 4¹|₂'''. (Aus meiner Sammlung.)

Aufenthalt: auf der Insel Guadeloupe.

Bemerkung. Diese Art würde nach Beck zur Gruppe Amphibulina, nach Albers zu Omalonyx (nicht zu Tapada) gehören.

9. Succinea oblonga Draparnaud. Die längliche Bernsteinschnecke.

Taf. 4. Fig 5. 6. Vergr. Fig. 7.

S testa ovato-oblonga tenui subarcuatim striata, diaphana, fusco- vel virenti-lutescente; spira subelongata conica acutiuscula; sutura profunda; anfr. 3—4 ventrosis, celeriter accrescentibus ultimo spiram paulo superante; columella leviter arcuata; apertura parum obliqua regulariter ovali, superne vix angulosa.

Succinea elongata, Drap. Tabl. Moll. p 56. nr. 2.
— — Drap. Hist p 59. t 3. f. 24. 25.
— — Lam. Hist. VI 2. p. 135. nr. 3. Ed Desh. VIII. p. 317.
— — C. Pfr. Nat. I. p. 68. t. 3. f. 39. III. p. 56.
— — Desh. in Encycl. méth. II. p. 20. nr. 3.
— — Rossm Icon p. 92 t. 2. f. 47.
— — Charpentier Cat. Moll. Suisse p. 3.
— Beck Ind p. 99. nr. 17.
— Gray Manual. p. 180. t. 6. f. 139.
— — Graells Cat. Moll. Esp. p. 2.
— — Pfr. Mon. Helic. II. p. 516. nr. 6.
— — Strobel Malac. Ungh. p. 8.
— — (Tapada) Albers Helic. p. 55.
— Malm Zoolog. Observat. p. 113.
— — Desh. in Fèr. hist. II. p 132. nr. 1.
— — De Betta Malac. Valle di Non p. 32.
Amphibulina oblonga, Lamarck in Ann. Mus. VI. p. 306.
Tapada oblonga, Studer Verzeichn. p 12.
Helix buccinum, Schranck (teste Beck).
— elongata, Fér. Prodr. nr 10. Hist. t. 11. A. f. 1. 2.
Amphibulina oblonga, Hartmann in Sturm Fauna VI. II. . T. 8. 9.
Amphibina oblonga, Hartmann in Neue Alpina I. p. 248.

Gehäuse eiförmig-länglich, dünn, etwas bogig-gerieft, durchscheinend, braun- oder grüngelblich. Gewinde langgezogen, conisch, ziemlich spitz. Naht tief. Umgänge 3—4, bauchig, schnell anwachsend, der letzte etwas länger als das Gewinde. Spindelrand flach gebogen. Mündung wenig gegen die Axe geneigt, regelmässig oval, nach oben kaum merklich winklig. — Länge 4''', Durchmesser 2'''. (Aus meiner Sammlung.)

Aufenthalt: zerstreut in Deutschland, der Schweiz, Frankreich, England, Dänemark, Ungarn, Italien, Spanien.

10. Succinea rubicunda Pfr. Die röthliche Bernsteinschnecke.

Taf. 4. Fig. 8. 9.

S. testa depresse ovata, tenui, striatula, sub lente obsolete granulosa, diaphana, parum nitida, luteo-rubescente; spira brevi, subpapillata, sanguinea; anfr. $2^1/_2$ convexiusculis, ultimo inflato; $^5/_7$ longitudinis aequante; columella callosa, substricte recedente; apertura parum obliqua, angulato-ovali, intus nitidissima; perist. simplicissimo, margine dextro regulariter arcuato.

Succinea rubicunda, Pfr. in Proceed. Zool. Soc. 1849. p. 134.
— — Pfr. Mon. Helic. Suppl. p. 19. nr. 84.

Gehäuse niedergedrückt-eiförmig, dünn, schwachgerieft, unter der Lupe undeutlich gekörnelt, durchscheinend, wenig glänzend, gelbröthlich. Gewinde kurz, fast warzenförmig, blutroth. Umgänge $3^1|_2$, convex, der letzte aufgeblasen, $^5|_7$ der ganzen Länge bildend. Spindelrand schwielig, fast gerade zurücktretend. Mündung wenig gegen die Axe geneigt, winklig-oval, innen stark glänzend. Mundsaum ganz einfach, der rechte Rand regelmässig bogig. — Länge 7‴, Durchmesser 4‴. (Aus meiner Sammlung.)

Aufenthalt: auf der chilesischen Insel Masafuera. (H. Cuming.)

11. Succinea Tahitensis Pfr. Die otaheitische Bernsteinschnecke.

Taf. 4. Fig. 10. 11.

S. testa ovata, striatula, tenui, vix nitida, pellucida, pallide succinea; spira brevi, obtusiuscula, anfr. $2^1/_2$ convexis, ultimo ovato; columella leviter arcuata, medio obsolete (interdum distincte) angulata; apertura obliqua, regulariter ovali; perist. expansiusculo.

Helix putris ε, Fér. Hist. t. 11. A. f. 10.
Succinea pacifica, Beck Ind. p. 99. nr. 13. (ex fig. Féruss.)
— Tahitensis, Pfr. in Proceed. Zool. Soc. 1846. p. 109.
— — Pfr. Mon Helic. II. p. 522. nr. 30.
— — Albers Helic. p. 55.
— — Desh. in Fér. hist. II p. 135. nr. 6.

Gehäuse eiförmig, schwachgerieft, dünn, fast glanzlos, blass bernsteinfarbig. Gewinde kurz, ziemlich stumpf. Umgänge $4^1|_2$, convex, der letzte eiförmig. Spindelrand flach-bogig, in der Mitte mehr oder weniger deutlich winklig-eingebogen. Mündung schräg gegen die Axe, regelmässig oval. Mundsaum etwas ausgebreitet. — Länge 6''', Durchmesser 3½'''. (Aus meiner Sammlung.

Aufenthalt: auf der Insel Otaheite. (H. Cuming.)

12. Succinea subgranosa Pfr. Die schwachgekörnte Bernsteinschnecke.

Taf 4 Fig. 12. 13. Vergr. Fig. 14.

S. testa elliptico-elevata, tenui, subgranulato-striata, diaphana, parum nitida, pallide cornea; spira brevi; obtusiuscula; anfr. vix 3 convexis, ultimo basi attenuato; columella substricte recedente, superne leviter callosa; apertura parum obliqua, subangulato-ovali, intus nitidissima; perist. simplice acuto, margine dextro mediocriter arcuato.

Succinea subgranosa, Pfr. in Proceed Zool. Soc. 1849. p. 132.
— — Pfr. Mon. Helic. Suppl. p 9. nr. 13.

Gehäuse elliptisch-eiförmig, dünn, etwas körnelig-gerieft, durchscheinend, wenig glänzend, blass hornfarbig. Gewinde kurz, ziemlich stumpf. Umgänge kaum 3, convex, der letzte am Grunde verschmälert. Spindelrand fast gerade zurücktretend, oben etwas schwielig. Mündung wenig gegen die Axe geneigt, etwas winklig-oval, innen stark glänzend. Mundsaum einfach, scharf, der rechte Rand mässig gekrümmt. — Länge 4½''', Durchmesser 2½'''. (Aus meiner Sammlung.)

Aufenthalt: Kurnaul und Calcutta in Ostindien.

13. Succinea Gundlachi Pfr. Gundlach's Bernsteinschnecke.

Taf. 4. Fig 15' 16. Vergr. Fig. 17.

S. testa ovato-conica, tenui, striatula, lutescenti-albida, strigis angustis corneis subimpressis ornata; spira producta, conica, acuta; anfract 4 convexis, ultimo 4/7 longitudinis subaequante; apertura obliqua, oblongo-ovali; perist. simplice, acuto, margine dextro regulariter arcuato, columellari levissime calloso, superne stricte recedente, tum marginem basalem arcuatim transeunte.

Succinea Gundlachi, Pfr. in Zeitschr. f. Malak. 1852. p. 178. t. 1. f. 35—38.
— — Pfr. Mon. Helic Suppl. p. 624. nr 92. a.

Gehäuse eiförmig-conisch, dünnschalig, schwachgerieft, gelbweisslich, mit schmalen, eingedrückten hornfarbigen Striemen gezeichnet. Gewinde vorgezogen, conisch, spitz. Umgänge 4, convex, der letzte ungefähr 4/7 der ganzen Länge bildend. Mündung schräg gegen die Axe, länglich-oval. Mundsaum einfach, scharf, der rechte Rand regelmässig bogig, der Spindelrand etwas schwielig, oben gerade zurücktretend, dann im Bogen in den Basalrand übergehend. — Länge 6''', Durchmesser $3^1|_2$'''. (Aus meiner Sammlung.)

Aufenthalt: häufig am Rande einer Saline auf Punta de Jicaco auf der Insel Cuba. (Dr. Gundlach.)

14. Succinea effusa Shuttleworth. Die breitmündige Bernsteinschnecke.

Taf. 4. Fig. 18. 19. Vergr. Fig. 20.

S. testa depresso-ovata, tenuissima, striatula, parum nitente, diaphana, griseo-cornea; spira brevissima, conica; anfract. $2^1/_2$, ultimo magno, depresso, $^5/_6$ longitudinis aequante; columella vix arcuata, subrecedente; apertura ampla, obliqua, ovali; perist. simplice, regulariter arcuato, basi non incumbente.

Succinea effusa, Shuttleworth in litt.

— — Pfr. Mon Helic. Suppl. p. 17. nr. 73.

Gehäuse niedergedrückt-eiförmig, äusserst dünn, schwachgerieft, wenig glänzend, durchscheinend, graulich-hornfarbig. Gewinde sehr kurz, zugespitzt. Umgänge $2^1|_2$, der letzte gross, niedergedrückt, $^5|_6$ der ganzen Länge bildend. Spindelrand unmerklich bogig, etwas zurücktretend. Mündung weit, schräg gegen die Axe, oval. Mundsaum einfach, regelmässig bogig, nach unten nicht aufliegend. — Länge 5—6''', Durchmesser 3—$3^1|_2$'''. (Aus meiner Sammlung.)

Aufenthalt: im östlichen Florida.

15. Succinea Texasiana Pfr. Die Texas-Bernsteinschnecke.

Taf. 4. Fig. 21. 22. Vergr. Fig. 23.

S. testa oblonga, gracili, striatula, alba, strigis sparsis pallide corneis notata; spira subturrita, acutiuscula; anfract. 4 convexis, ultimo spiram vix superante; columella subincrassata, parum recedente; apertura subobliqua, ovali-oblonga; perist. simplice, regulari.

Succinea Texasiana, Pfr. in Roemer Texas p. 456.

— — Pfr. Mon. Helic. II. p. 526. nr. 46.

— — (Tapada) Albers Helic. p. 55.

Gehäuse länglich, schlank, schwachgerieft, weiss, mit zerstreuten blass hornfarbigen Striemen. Gewinde fast gethürmt, mit ziemlich spitzem

Wirbel. Umgänge 4, convex, der letzte kaum länger als das Gewinde. Spindelrand etwas verdickt, wenig zurücktretend. Mündung wenig gegen die Axe geneigt, oval-länglich. Mundsaum einfach, regelmässig. — Länge 5½''', Durchmesser 2½'''. (Aus meiner Sammlung.)

Aufenthalt: in Texas (auf der Insel Galveston gesammelt von Dr. Ferd. Roemer) und in Florida (Shuttleworth).

16. Succinea Sagra d'Orbigny. Sagra's Bernsteinschnecke.

Taf. 4. Fig. 24 25. Vergr. Fig. 26.

S. testa ovato-acuta, tenuissima, striatula, nitida, pellucida, succinea; spira brevi, apice acuta; anfract. 3, penultimo convexiusculo, ultimo ventroso, ¾ longitudinis subaequante; columella leviter arcuata, superne tenuissime callosa; apertura obliqua, subregulari, ovali, superne subangulata.

Succinea Sagra, Orb. Moll. Cub. I. p. 141. t. S. f. 1—3.
— — Pfr. Mon. Helic. II. p. 529 nr. 58.
— — (Tapada) Albers Helic. p. 55.
— — Poey Memor. hist. nat. Cuba, I. p. 211. t. 26. f. 22

Gehäuse eiförmig-zugespitzt, sehr dünn, schwachgerieft, glänzend, durchsichtig, bernsteinfarbig. Gewinde kurz, mit spitzem Wirbel. Umgänge 3, der vorderste mässig gewölbt, der letzte bauchig, ungefähr ¾ der ganzen Länge bildend. Spindelrand flach-bogig, nach oben sehr dünnschwielig. Mündung gegen die Axe geneigt, fast regelmässig oval, nach oben etwas winklig. — Länge 6''', Durchmesser 3½'''. (Aus meiner Sammlung.)

Aufenthalt: auf der Insel Cuba (d'Orbigny, Gundlach!) und in Honduras (nach H. Cuming's Sammlung).

17. Succinea Dominicensis Pfr. Die Haitische Bernsteinschnecke.

Taf. 4. Fig. 27. 28 Vergr. Fig. 29. Var. Taf 5. Fig. 38. 39.

S. testa ovata, solidula, substriata, carneo-albida, punctis corneis irregulariter conspersa (vel omnino cornea, pellucida); spira conica, acuta; anfract. 3½ convexis, summis corneis, ultimo ⅘ longitudinis aequante; columella subcallosa, vix recedente, apertura parum obliqua, ovali, subregulari, superne vix subangulata.

Succinea Dominicensis, Pfr. in Proceed. Zool. Soc. 1851. p. 147.
— — Pfr. Mon. Helic. Suppl. p. 21. nr. 96.

Gehäuse eiförmig, ziemlich festschalig, schwachgerieft, fleischfarbig-weisslich, mit hornfarbigen Punkten unregelmässig besprengt. Gewinde conisch, spitz. Umgänge 3½, convex, die obersten hornfarbig, der letzte ⅗ der ganzen Länge bildend. Spindelrand etwas schwielig, unmerklich zurücktretend. Mündung wenig gegen die Axe geneigt, fast regelmässig oval, oben wenig winklig. — Länge 5¾''', Durchmesser 3½'''. (Aus meiner Sammlung.)

Varietät: durchaus hornfarbig, durchsichtig. (Taf. 5. Fig. 38. 39.)

Aufenthalt: auf den Inseln St. Domingo (Sallé) und Bermuda.

18. Succinea Riisei Pfr. Riise's Bernsteinschnecke.

Taf. 4. Fig. 30. 31. Vergr. Fig. 32.

S. testa minuta, ovata, tenui, sublaevigata, pellucida, succinea; spira brevi, papillata; anfract. 3, penultimo perconvexo, ultimo basi attenuato; columella subcallosa, parum recedente; apertura obliqua, rotundato-ovali; perist. regulariter arcuato, sublimbato.

Succinea Riisei, Pfr. in Zeitschr. f. Malak. 1853. p. 52.
— — Pfr. Mon. Helic. Suppl. p. 624. nr. 96. b.

Gehäuse klein, eiförmig, dünn, fast glatt, durchsichtig, bernsteinfarbig. Gewinde kurz, warzenartig. Umgänge 3, der vorletzte stark gewölbt, der letzte ungefähr ⅔ der ganzen Länge bildend, am Grunde verschmälert. Spindel etwas schwielig, wenig zurücktretend. Mündung schräg gegen die Axe, länglich-oval, Mundsaum regelmässig bogig, etwas besäumt. — Länge 2⅓''', Durchmesser 1½'''. (Aus meiner Sammlung.)

Aufenthalt: auf der Insel Portorico gesammelt von Riise.

19. Succinea Chiloënsis Philippi. Die Chiloe-Bernsteinschnecke.

Taf. 4 Fig. 33. 34. Vergr. Fig. 35.

S. testa oblonga, gracili, ruditer striata, corneo-albida, solidula; spira subturrita, acuta; sutura mediocri; anfract. 3½—4 convexiusculis, ultimo ⅗ longitudinis vix aequante; columella substricte recedente, callo filari subincrassata; apertura subobliqua, oblongo-ovali, intus rugulosa, nitida; perist. simplice, margine dextro subrepando.

Succinea Chiloënsis, Philippi mss.
— — Pfr. Mon. Helic. II. p. 527. nr. 50.

Succinea Chiloënsis, (Tapada) Albers Helic. p. 55.
— — Desh. in Fér. hist. II. p. 135. nr. 5. (excl. figura.)

Gehäuse länglich, schlank, grobgerieft, hornfarbig-weisslich, ziemlich festschalig. Gewinde langgezogen, spitz. Naht mittelmässig. Umgänge 3¹|2, mässig gewölbt, der letzte kaum ³|5 der ganzen Länge bildend. Spindelrand fast gerade zurücktretend, durch eine fädliche Schwiele etwas verdickt. Mündung wenig gegen die Axe geneigt, oval-länglich, innen runzlig, glänzend. Mundsaum einfach, der rechte Rand etwas ausgeschweift. — Länge 7¹|2''', Durchmesser 3'''. (Aus meiner Sammlung.)

Aufenthalt: auf der Insel Chiloe.

Bemerkung. Die früher von mir fraglich, und dann auch von Deshayes, hierhiergezsgene Abbildung Fér. t. 11. A. f. 11. gehört nicht zu dieser Art, sondern ohne allen Zweifel zu S. Delalandei Pfr.

20. Succinea Menkeana Pfr. Menke's Bernsteinschnecke.

Taf. 4. Fig. 36. 37. Vergr. Fig. 38.

S. testa ovato-elliptica, tenui, distincte striata, pellucida, nitida; cornea; spira brevi, inflata, papillata; sutura profunda; anfract. 2¹/₂, penultimo perconvexo, ultimo basi attenuato; columella subcallosa, regulariter arcuata; apertura parum obliqua, regulariter ovali; perist. simplice, tenui, marginibus approximatis.

Succinea amphibia, Menke Moll. Nov. Holl. p. 6.
— Menkeana, Pfr. in Zeitschr. f. Malak. 1849 p. 110.
— — Pfr. Mon. Helic. Suppl. p. 14. nr. 41.

Gehäuse klein, eiförmig-elliptisch, dünn, deutlich gerieft, durchsichtig, glänzend, hornfarbig. Gewinde kurz, aufgeblasen, warzenartig. Naht tief. Umgänge 2¹|2, der vorletzte stark gewölbt, der letzte am Grunde verschmälert. Spindelrand etwas schwielig, regelmässig bogig. Mündung wenig gegen die Axe geneigt, regelmässig oval. Mundsaum einfach, dünn, mit genäherten Rändern. — Länge 3¹|2''', Durchmesser 1⁵|6'''. (Aus meiner Sammlung.)

Aufenthalt: in Neuholland. (Preiss.)

21. Succinea Indica Pfr. Die ostindische Bernsteinschnecke.

Taf. 4. Fig. 39. 40.

S. testa depresse oblonga, tenuissima, longitudinaliter plicatula, pellucida, pallide cornea;

spira brevi, obtusiuscula; anfract. vix 3, penultimo convexiusculo, ultimo $^2/_3$ longitudinis aequante; columella substricte fere ad basin recedente, superne calloso-marginata; apertura axi fere parallela, basi recedente, ovali-oblonga, angulata, intus nitidissima; perist. acuto, margine dextro leviter arcuato.

Succinea Indica, Pfr. in Proceed. Zool. Soc. 1849. p. 133.
— — Pfr. Mon. Helic. Suppl. p. 8. nr. 11.

Gehäuse niedergedrückt-länglich, äusserst dünn, schwach längsfaltig, durchsichtig, blass hornfarbig. Gewinde kurz, ziemlich stumpf. Umgänge kaum 3, der vorletzte mässig gewölbt, der letzte 2|3 der ganzen Länge bildend. Spindelrand fast in gerader Richtung beinahe bis zur Basis zurücktretend, oben schwielig-berandet. Mündung fast parallel zur Axe, am Grunde zurücktretend, oval-länglich, winklig, innen stark glänzend. Mundsaum scharf, der rechte Rand flach-bogig. — Länge 8 1|2''', Durchmesser 3 3|4'''. (Aus meiner Sammlung.)

Aufenthalt: Bheemtâl in Ostindien.

22. Succinea Bensoni Pfr. Benson's Bernsteinschnecke.

Taf. 4. Fig. 41. 42. Vergr. Fig. 43.

S. testa ovato-conica, tenui, regulariter confertim striata, pellucida, sericina, luteo-cornea; spira conica, acutiuscula; anfract. 3, penultimo convexiusculo, $^3/_5$ longitudinis aequante; columella callo tenui induta, vix arcuata, recedente; apertura ovali; perist. tenui, margine dextro mediocriter arcuato.

Succinea Bensoni, Pfr. in Proceed. Zool. Soc. 1849. p 133.
— — Pfr. Mon. Helic. Suppl. p. 9. nr. 14.

Gehäuse eiförmig-conisch, dünn, regelmässig und dicht gerieft, durchsichtig, seidenglänzend, gelblich-hornfarbig. Gewinde conisch, ziemlich spitz. Umgänge 3, der vorletzte mässig gewölbt, der letzte 2|3 der ganzen Länge bildend. Spindelrand mit einer dünnen Schwiele belegt, unmerklich gekrümmt, zurücktretend. Mündung oval. Mundsaum dünn, der rechte Rand mittelmässig gebogen. — Länge 4''', Durchmesser 2 1|2'''. (Aus meiner Sammlung.)

Aufenthalt: Moradabad in Ostindien. (Benson.)

23. Succinea concisa Morelet. Die abgekürzte Bernsteinschnecke.

Taf. 4. Fig. 44. 45. Vergr. Fig. 46.

S. testa ovato-conica, tenui, confertim ruguloso-striata, pellucida, cereo-albida; spira breviuscula, subpapillata; anfract. 2¹/₂, penultimo perconvexo, ultimo attenuato; sutura profunda, submarginata; columella tenui, superne subcallosa, recedente, basin aperturae non attingente; apertura vix obliqua, ovali, spira duplo longiore; perist. simplice, tenui, margine dextro et basali regulariter arcuatis.

Succinea concisa, Morelet in Revue zool. 1848. p. 351.
— — Pfr. Mon. Helic. Suppl. p. 11. nr. 25.

Gehäuse eiförmig-conisch, dünn, dicht runzelstreifig, durchsichtig, wachsweisslich. Gewinde ziemlich kurz, fast warzenartig. Naht tief, etwas berandet. Umgänge 2½, der vorletzte stark gewölbt, der letzte verschmälert, ⅔ der ganzen Länge bildend. Spindelrand dünn, nach oben etwas schwielig, zurücktretend, die Basis der Mündung nicht erreichend. Mündung wenig gegen die Axe geneigt, oval. Mundsaum einfach, dünn, der rechte und untere Rand regelmässig bogig. — Länge 2½''', Durchmesser 1½'''. (Aus meiner Sammlung.)

Aufenthalt: an den Ufern des Flusses Gabon in Guinea.

24. Succinea obliqua Say. Die schiefe Bernsteinschnecke.

Taf. 5. Fig. 1. 2.

S. testa ovata, tenui, longitudinaliter striatula, parum nitida, pellucida, virenti-cornea; spira parvula, conica; anfract vix 3, penultimo convexo, ultimo basi attenuato, ¾ longitudinis aequante; columella simplice, leviter arcuata; apertura ovali, superne subangulata; perist. simplice, obtusulo, margine dextro et basali regulariter arcuatis.

Succinea obliqua, Say in Long's Exped. to St. Peters. II. p. 260. t. 15. f. 7.
— — Adams in Americ. Journ sc. XL p. 270.
— — De Kay, New-York Moll. p. 53 t. 4. f. 53.
— — Pfr. in Zeitschr. f. Malak. 1849 p. 111.
— — Pfr. Mon. Helic. Suppl. p. 15. nr. 59.

Gehäuse eiförmig, dünn, schwach längsriefig, wenig glänzend, durchsichtig-hornfarbig. Gewinde klein, conisch. Umgänge kaum 3, der vorletzte convex, der letzte am Grunde verschmälert, ¾ der ganzen Länge bildend. Spindelrand einfach, schwach gekrümmt. Mündung oval, nach oben etwas winklig. Mundsaum einfach, stumpflich, der rechte und untere Rand regelmässig bogig. — Länge 8½''', Durchmesser 5'''. (Aus meiner Sammlung.)

Aufenthalt: in den Vereinigten Staaten von Nordamerika.

25. Succinea ovalis Say. Die eiförmige Bernsteinschnecke.

Taf. 5. Fig. 3. 4.

S. testa subovata, pallide flava, diaphana, pertenui et fragili; spira parvula, prominula, obtusiuscula; anfract. fere 3 obliquis, ultimo amplissimo; apertura longitudinaliter subovali, lata; columella valde angustata, ita ut a basi testae fere in apicem perspicere possis; callo columellae fere nullo. (Say.)

Succinea ovalis; Say in Nichols Encycl.
— — Say in Philad. Journ I. p. 15. II. p. 163.
— — Desh. in Encycl. méth. II. p. 20. nr. 2.
— — Beck Ind p. 98. nr. 1.
— — Desh. in Lam. hist. VIII. p. 319. nr. 8.
— — De Kay New-York Moll. p. 53. t. 4. f. 51. 52.
— — Gould Report. Massach. p. 104. f. 125.
— — Pfr. Mon. Helic. II. p. 524. nr. 38.
— — (Tapada) Albers Helic p. 55.
— — Desh. in Fér hist. II. p. 138. nr. 9.
Helix ovalis (Cochlohydra) Fér. Prodr. nr. 8. Hist. t. 11. A. f. 1.

Gehäuse fast eiförmig, blassgelb, durchscheinend, sehr dünn und zerbrechlich. Umgänge fast 3, schief, der letzte sehr weit. Gewinde klein, vorragend, ziemlich stumpf. Mündung der Länge nach fast oval, breit. Spindelrand sehr verschmälert, so dass man von der Basis das Gehäuse fast bis in die Spitze sehen kann. Spindelschwiele fast fehlend. (Say.) — Länge 9/20, Breite 5/20, Länge der Mündung 7/20 Zoll. (Gould.)

Aufenthalt: in den Vereinigten Staaten von Nordamerika.

Bemerkung. So wie viele von Say aufgestellte Arten, so ist auch diese selbst in Amerika zweifelhaft. Ich gebe deshalb die mit der Gould'schen ziemlich übereinstimmende Abbildung der Form, welche man gewöhnlich als S. ovalis Say erhält, und zur Vergleichung die Originalbeschreibung nach Say.

26. Succinea campestris Say. Die Feld-Bernsteinschnecke.

Taf. 5. Fig. 5. 6.

S. testa ovata, perfragili, pallide flava, lineis opacis albis et vitreis irregulariter alternantibus; anfract. 3 vix obliquis. — Long. vix 3/5, lat. 7/20 poll. (Say.)

Succinea campestris, Say in Journ. Acad. Philad. I. P. 1. p. 281.
— — Beck Ind p. 98. nr. 3.

Succinea campestris, Gould Rep. Massach. p. 195 f. 126.
— — De Kay New-York Moll. p. 54. t. 4. f. 54.
— — Pfr. Symb. Hist. Helic. II. p. 56.
— Pfr. Mon. Helic. II. p. 524. nr. 37.
— — (Tapada) Albers Helic. p. 55.
— — Desh. in Fér. hist. II. p. 139. nr. 10.
Helix campestris (Cochlohydra) Fér. Prodr. nr. 12. Hist. t. 11. f. 12.

Gehäuse eiförmig, überaus zerbrechlich, blassgelb, mit unregelmässig wechselnden undurchsichtigen weissen und glashellen Linien. Umgänge 3, kaum schief. — Länge kaum 3|5, Breite 7|20″. — Verwandt mit S. ovalis Say. Sie unterscheidet sich durch ihr mehr gedrungenes, weniger verlängertes, dickeres, weniger zerbrechliches Gehäuse und viel weniger schiefe Naht. (Say.)

Aufenthalt: in Nordamerika.

27. Succinea Salleana Pfr. Sallé's Bernsteinschnecke.

Taf. 5. Fig. 7. 8.

S. testa depresse ovata, tenuissima, striatula, lineis spiralibus impressis irregulariter notata, pellucida, nitida, corneo-albida; spira brevissima, subpapillata; anfract. 2½, penultimo convexo, ultimo ¾ longitudinis superante; columella subcallosa, stricte recedente; apertura axi subparallela, angulato-ovali; perist. submarginato, margine dextro vix arcuato.

Succinea Salleana, Pfr. in Proceed. Zool. Soc. 1849. p 133.
— — Pfr. Mon. Helic. Suppl. p. 16. nr. 65.

Gehäuse niedergedrückt-eiförmig, äusserst dünn, schwachgerieft, und mit eingedrückten Spirallinien undeutlich gekreuzt, durchsichtig, glänzend, hornfarbig-weisslich. Gewinde sehr kurz, fast warzenförmig. Umgänge 2½, der vorderste gewölbt, der letzte etwas mehr als ¾ der ganzen Länge bildend. Spindelrand etwas schwielig, gerade zurücktretend. Mündung fast parallel zur Axe, winklig-oval. Mundsaum etwas berandet, der rechte Rand kaum bogig. — Länge 9½‴, Durchmesser 5‴. (Aus meiner Sammlung.)

Aufenthalt: bei New-Orleans. (Sallé.)

28. Succinea inflata Lea. Die aufgeblasene Bernsteinschnecke.

Taf. 5. Fig. 9. 10. Vergr. Fig. 11.

S. testa ovata, ventrosa, tenui, alba, epidermide tenuissima, pallide sordide cornea, saturatius strigata, induta, striatula, vix nitida; spira brevi, acuta; sutura mediocri; anfract. 3, secundo convexiusculo, ultimo tumido, $^3/_4$ longitudinis subaequante; columella strictiuscula, tenuiter callosa; apertura vix obliqua, oblongo-ovali, intus submargaritacea; peristomate simplice, fragili.

Succinea inflata, Lea in Proceed. Amer. phil. Soc. 1841. II. p. 32.
— — Lea Observ. IV. p. 5.
— — Pfr. Mon. Hel. II. p. 526. nr. 44.

Gehäuse eiförmig, bauchig, dünn, schwachgerieft, fast glanzlos, weis, mit einer äusserst dünnen, blassen, schmutzig hornfarbigen Epidermis mit dunkleren Striemen bekleidet. Gewinde kurz, spitz. Naht mittelmässig. Umgänge 3, der vorletzte mässig gewölbt, der letzte aufgetrieben, $^3|_4$ der ganzen Länge bildend. Spindelrand fast gestreckt, dünnschwielig. Mündung kaum gegen die Axe geneigt, länglich-oval, innen etwas perlartig. Mundsaum einfach, zerbrechlich. — Länge $5^1|_2'''$, Durchmesser $3^1|_2'''$. (Aus meiner Sammlung.)

Aufenthalt: in Süd-Carolina, eine einfarbig horngelbliche Varietät bei New-Orleans. (Sallé.)

29. Succinea undulata Say. Die wellenriefige Bernsteinschnecke.

Taf. 5. Fig. 12. 13. Vergr. Fig. 14.

S. testa subovata, pallide flavescente, translucente, fragili; spira mediocri, obsolete rugoso; anfract $3^1/_2$, ultimo corrugato vel subundulato; columella angustata, umbilicum interiorem simulante. — Long. $^1/_2$ poll. (Say.)

Succinea undulata, Say in Descr. of new terr. shells p. 24.
— — Pfr. Mon. Hel. II. p. 526. nr. 45.

Gehäuse fast eiförmig, blass gelblich, durchsichtig, zerbrechlich. Gewinde mittelmässig, undeutlich runzlig. Umgänge $3^1|_2$, der letzte runzlig oder etwas wellig. Spindelrand verengert, gleichsam einen innern Nabel darstellend. — Länge $^1|_2''$. Aehnlich der S. ovalis, verschieden durch weniger tiefe Naht und durch die mehr wellige Oberfläche der letzten Windung; ausserdem hat sie $^1|_2$—$^3|_4$ Umgänge mehr als jene. (Say.)

Aufenthalt: in Mexico.

Bemerkung. Vergl. die Anmerkung zu Nr. 25 und 26.

30. Succinea brevis Dunker. Die kurze Bernsteinschnecke.

Taf. 5. Fig. 15. 16. Vergr. Fig. 17.

S. testa ovato-conica, solidula, striata, opaca, albica; spira conica, subpapillata; anfract. 2½, penultimo convexo, ultimo basi parum attenuato, ⅔ longitudinis subaequante; columella parum recedente, leviter arcuata; apertura parum obliqua, ovali; peristomate simplice, tenui, marginibus regulariter arcuatis, dextro superne subincrassato.

Succinea brevis, Dunk. mss.
— — Pfr. in Zeitschr. f. Malak. 1850. p. 84.
— — Pfr. Mon. Helic. Suppl. p. 17. nr. 70.

Gehäuse eiförmig-conisch, ziemlich festschalig, gerieft, undurchsichtig, weisslich. Gewinde conisch, fast warzenförmig. Umgänge 2½, der vorletzte gewölbt, der letzte am Grunde ein wenig verschmälert, ungefähr ⅔ der ganzen Länge bildend. Spindel wenig zurücktretend, flachbogig. Mündung wenig gegen die Axe geneigt, oval. Mundsaum einfach, dünn, die Ränder regelmässig bogig, der rechte nach oben etwas eingebogen. — Länge 3‴, Durchmesser 2‴. (Aus meiner Sammlung.)

Aufenthalt: in Mexico.

31. Succinea avara Say. Die kleine Bernsteinschnecke.

Taf. 5. Fig. 18. 19. Vergr. Fig. 20.

S. testa ovato-conica, tenui, ruguloso-striata, diaphana, parum nitida, virenti-grisea; spira conica, apice subpapillata; anfract 3, penultimo convexo, ultimo ⅔ longitudinis subaequante, basi attenuato; columella regulariter arcuata, superne subcallosa; apertura parum obliqua, ovalis, superne vix angulata; peristomate simplice, margine dextro regulariter arcuato.

Succinea avara, Say in Long's sec. Exped. App. p. 260. t. 15. f. 5.
— — Gould Report Massach. p. 196. f. 127.
— — De Kay New-York Moll. p. 54. t. 4. f. 55.
— — Pfr. Symb. hist. Helic. II. p. 56.
— — Pfr. Mon. Helic. II. p. 525. nr. 40.

Gehäuse eiförmig-conisch, dünnschalig, runzlig-gerieft, durchscheinend, wenig glänzend, grünlichgrau, meist mit schwarzem Schmutz überzogen. Gewinde conisch, mit warzenartigem Wirbel. Umgänge 3, der vorletzte gewölbt, der letzte ungefähr ⅔ der ganzen Länge bildend, an der Basis etwas verschmälert. Spindelrand regelmässig gekrümmt, nach oben etwas schwielig. Mündung wenig gegen die Axe geneigt, oval, nach oben kaum merklich winklig. Mundsaum einfach, der rechte Rand regelmässig bogig. — Länge 2½‴, Durchmesser 1¾‴. (Aus meiner Sammlung.)

Aufenthalt: Nordamerika, Massachusetts, Ohio.

32. Succinea semiglobosa Pfr. Die halbkuglige Bernsteinschnecke.

Taf. 5. Fig. 21. 22. Vergr. Fig. 23.

S. testa ovato-semiglobosa, tenui, laevigata, nitidissima, lutescenti-cornea; spira vix prominula, obtusa; anfract. 2, ultimo ventroso; columella strictiuscula, oblique recedente; apertura parum obliqua, rotundato-ovali; peristomate simplice, margine dextro superne perarcuato.

Succinea semiglobosa, Pfr. in Proceed. Zool. Soc. 1846. p. 109.
— — Pfr. Mon. Helic. II. p. 528. nr. 52.
— — (Tapada) Albers Helic. p. 55.

Gehäuse eiförmig-halbkuglig, dünn, glatt, sehr glänzend, gelblich-hornfarbig. Gewinde kaum vorragend, stumpf. Umgänge 2, der letzte bauchig. Spindelrand fast gestreckt, schräg zurücktretend. Mündung wenig gegen die Axe geneigt, rundlich-oval. Mundsaum einfach, der rechte Rand oben stark bogig. — Länge 4‴, Durchmesser 3¼‴. (Aus meiner Sammlung.)

Aufenthalt: auf der chilesischen Insel Masafuera. (H. Cuming.)

33. Succinea Cumingi Pfr. Cuming's Bernsteinschnecke.

Taf. 5. Fig. 24. 25. Vergr. Fig. 26.

S. testa depresse semiovata, tenuissima, striata, lineis spiralibus subtiliter decussata, diaphana, pallide virenti-cornea vel succinea; spira vix prominula, subpapillata; anfract. 2, ultimo depresso; columella perarcuata, superne calloso-subdilatata; apertura ovali, superne vix angulata; perist. simplice, acuto.

Pelta Cumingii, Beck Ind. p. 100. nr. 1. (indescr.)
Parmacella? Cumingi, Pfr. in Proceed. Zool Soc. 1846. p. 109.
Succinea Cumingi, Pfr. Mon. Helic., Suppl. p. 20. nr 90.

Gehäuse niedergedrückt-halbeiförmig (in der Jugend mehr rundlich), fast gleich lang und breit, äusserst dünn, gerieft und sehr fein mit Spirallinien gekreuzt, durchscheinend, blass grünlich-hornfarbig oder bernsteinfarbig. Gewinde kaum vorragend, etwas warzenähnlich. Umgänge 2, der letzte niedergedrückt. Spindelrand stark gekrümmt, nach oben etwas schwielig-verbreitert. Mündung oval, nach oben kaum winklig. Mundsaum einfach, scharf. — Länge 5''', Durchmesser 3½'''. (Aus meiner Sammlung.)

Aufenthalt: auf der Insel Juan Fernandez.

34. Succinea pusilla Pfr. Die winzige Bernsteinschnecke.

Taf. 5. Fig. 27. 28. Vergr. Fig. 29.

S. testa ovata, tenui, striatula, sub lente obsolete decussata, diaphana, parum nitida, pallide cornea; spira brevi, acutiuscula; anfract. 2½, penultimo convexo, ultimo ⅔ longitudinis aequante; columella vix arcuata, recedente; apertura obliqua, ovali; perist. simplice, margine dextro superne subincrassato, basi strictiusculo.

Succinea pusilla, Pfr. in Proceed. Zool. Soc. 1849. p. 134.
— — Pfr. Mon. Hel. Suppl. p. 18. nr. 80.

Gehäuse eiförmig, dünn, schwachgerieft, unter der Lupe undeutlich gegittert, durchscheinend, wenig glänzend, blass hornfarbig. Gewinde kurz, ziemlich spitz. Umgänge 2½, der vorletzte convex, der letzte ⅔ der ganzen Länge bildend. Spindelrand kaum bogig, zurücktretend. Mündung schräg gegen die Axe, oval. Mundsaum einfach, der rechte Rand nach oben etwas eingekrümmt, nach unten ziemlich gestreckt. — Länge 2⅓''', Durchmesser 1½'''. (Aus meiner Sammlung.)

Aufenthalt: Ceara (?) Südamerika.

35. Succinea rugosa Pfr. Die runzlige Bernsteinschnecke.

Taf. 5. Fig. 36 37.

S. testa depresso-ovata, ventrosa, tenui, oblique rugosa, nitide fulvescente; spira brevissima, obtusiuscula; anfract. 2½, ultimo inflato; columella valde arcuata; apertura ampla, ovali, superne subangulosa; perist. simplice, membranaceo.

Succinea rugosa, Pfr. Symb. hist. Helic. II. p. 56.
— — Pfr. Mon. Helic. II. P. 517. nr. 9.
— — (Tapada) Albers Helic. p. 55.

Gehäuse niedergedrückt-eiförmig, bauchig, dünn, schräg-runzlig, glänzend braungelb. Gewinde sehr kurz, stumpflich. Umgänge 2½, der letzte aufgeblasen. Spindelrand stark bogig. Mündung weit, oval, nach oben etwas winklig. Mundsaum einfach, hautartig. — Länge 7''', Durchmesser. 5'''. (Aus meiner Sammlung.)

Aufenthalt: in der Nähe von Pondichery. (Guérin.)

36. Succinea aequinoctialis Orbigny? Die Tropen-Bernsteinschnecke.

Taf. 5. Fig. 40. 41.

Ich gebe hier nur die Abbildung einer mir von Professor Poey in Havana zweifelhaft unter obigem Namen mitgetheilten Schnecke von Cuba. Sie stimmt mit keiner der mir bekannten Arten ganz überein; ob sie aber zu der d'Orbigny'schen Art von Guayaquil gehört, lässt sich aus der unvollkommenen Beschreibung nicht erkennen.

37. Succinea margarita Pfr. Die Perl-Bernsteinschnecke.

Taf. 6. Fig. 20. 21. Vergr. Fig. 22.

S. testa ovato-conica, tenuissima, striatula, nitida, pellucida, pallidissime luteo-cornea; spira brevi, obtusula; anfr. 3, penultimo convexo, ultimo $^2/_3$ longitudinis formante, dilatato; columella simplice, vix callosa, leviter arcuata; apertura obliqua, subregulariter ovali, ubique incumbente; perist. simplice, recto, margine dextro regulariter arcuato.

Succinea margarita, Pfr. in Zeitschr. f. Malak. 1853. p. 52.
— — Pfr. Mon. Helic. Suppl. p. 624. nr. 96. a.

Gehäuse eiförmig-conisch, äusserst dünn, schwachgerieft, glänzend, durchsichtig, sehr blass gelblich-hornfarbig. Gewinde kurz, ziemlich stumpf. Umgänge 3, der vorletzte convex, der letzte $^2|_3$ der ganzen Länge bildend, verbreitert. Spindelrand flach-bogig, einfach, unmerklich schwielig. Mündung schräg gegen die Axe, fast regelmässig oval, überall aufliegend. Mundsaum einfach, geradeaus, der rechte Rand regelmässig bogig. — Länge $3^1|_2'''$, Durchmesser $2^1|_2'''$. (Aus H. Cuming's Sammlung.)
Aufenthalt: auf der Insel Haiti. (Sallé.)

38. Succinea Taylori Pfr. Taylor's Bernsteinschnecke.

Taf. 6. Fig. 23. 24. Vergr. Fig. 25.

S testa ovato-conica, solidiuscula, striatula et plicata, nitida, diaphana, rubello-fulva; spira convexo-conica, apice minute papillata; anfract. 3, penultimo convexo, ultimo rotundato, $^2/_3$ longitudinis vix aequante; columella subverticali, superne reflexiuscula; apertura obliqua, ovali, superne vix angulata, undique incumbente; perist. simplice, margine dextro substricto, superne curvato.

Succinea Taylori, Pfr. in Proceed. Zool. Soc. 1851.
— — Pfr. Mon. Helic. Suppl. p. 10. nr. 16.

Gehäuse eiförmig-conisch, ziemlich festschalig, schwachgerieft und gefaltet, glänzend, durchscheinend, röthlich-braungelb. Gewinde convexconisch, mit feinem, warzenartigem Wirbel. Umgänge 3, der vorletzte convex, der letzte gerundet, $^2/_3$ der ganzen Länge bildend. Spindelrand fast vertical, nach oben etwas zurückgeschlagen. Mündung schräg gegen die Axe, nach oben kaum winklig, überall aufliegend. Mundsaum einfach, der rechte Rand fast gestreckt, oben gekrümmt. — Länge $5^1/_4'''$, Durchmesser $3^1/_4'''$. (Aus H. Cuming's Sammlung.)

Aufenthalt: Sincapoore. (Taylor.)

39. Succinea patentissima Menke. Die weitgeöffnete Bernsteinschnecke.

Taf. 6. Fig. 26. 27. Vergr. Fig. 28.

S. testa depresso-oblonga, tenuissima, rugoso-striatula, parum nitida, pellucida, pallide cornea; spira minima, papillata; anfract. $2^1/_2$, ultimo deorsum sensim dilatato; columella callosa, subtorta, leviter arcuata; apertura obliqua, acuminato-ovali; perist. tenuissimo, recto, margine basali levissime arcuato.

Succinea patentissima, Menke in litt.
— — Pfr. in Zeitschr. f. Malak. 1853. p. 52.
— — Pfr. Mon. Helic Suppl. p. 623. nr. 23. a.

Gehäuse niedergedrückt-länglich, äusserst dünn, schwach runzlig-gerieft, wenig glänzend, durchsichtig, blass horngelblich. Gewinde sehr klein, warzenartig. Umgänge $2^1/_2$, der letzte nach unten allmälig verbreitert. Spindelrand schwielig, etwas gedreht, flach-bogig. Mündung schräg gegen die Axe, zugespitzt-oval. Mundsaum sehr dünn, geradeaus, der untere Rand sehr flach-bogig. — Länge $5'''$, Durchmesser $3'''$. (Aus der Menke'schen Sammlung.)

Aufenthalt: Port Natal in Südafrika.

40. Succinea longiscata Morelet? Die gestreckte Bernsteinschnecke.

Taf. 3. Fig. 28—30.

„S. testa elongata, fragili, valde striata, fulvo-rubescente; apertura symmetrica, subangusta, oblonga, superne ovata, inferne angulata; spira acuminata; anfract. $3^1/_2$ juxta suturam planulatis. — Long. 17, amplit. 7 mill.“ (Mor.)

Succinea longiscata, Morelet Moll. du Portugal p. 51. t. 5. f. 1.
— — Pfr. Mon. Helic. II. p. 515. nr. 3.

Zu dieser Art, von welcher ich noch keine authentischen Exemplare gesehen habe, glaube ich jetzt die oben abgebildete Schnecke zählen zu müssen, von welcher ich selbst nur weisse, halbverkalkte, aber übrigens vollkommen erhaltene, mit schwärzlichem Schlamme gefüllte Exemplare am Ufer des Plattensees bei Szigleget in Ungarn sammelte, und neuerlich ganz ähnliche von Herrn E. v. Martens in Stuttgart erhielt, welche (sämmtlich in gleichem Zustande) von Müller auf der Insel Veglia in Dalmatien gesammelt worden waren.

Sie zeichnet sich, ganz der Original-Abbildung und Beschreibung entsprechend, durch starke Längsriefung und eine fast symmetrische, nach unten rundlich verbreiterte, ziemlich stark gegen die Axe geneigte, in der Mitte aufliegende Mündung, vorzüglich aber durch die auffallend geringe Wölbung ihrer 3—3½ Umgänge in der Nähe der seicht eingedrückten Naht aus. Die übrigen Charaktere sind an unserer Figur deutlich zu erkennen.

Erklärung der Tafeln.

Taf. 1.

Fig. 1—5. Daudebardia rufa; p. 4 — 6—9. D. Langi, p. 5. — 10—13. D. brevipes, p. 4. — 14—17. Vitrina pellucida, p. 6. — 18—21 V. Draparnaldi, p. 7 — 22—25. V. americana, p. 9. — 26—29. V annularis, p. 9 — 30—33. V. diaphana, p. 10. — 34—37. V. pyrenaica, p. 11. — 38—41 V. elongata, p. 11. — 42—44. V. Gruneri, p. 12. — 45—47. V. hians, p. 13. — 48—50. V. Lamarcki, p 13. — 51—53. V. Sowerbyana, p. 14.

Taf. 2.

Fig. 1. 2. Vitrina Cumingi, p. 15. — 3—5. V. cassida, p. 16. — 6—8. V. monticola, p. 16. — 9—12. V. Strangei, p. 17. 13—15. V. Poeppigi, p. 17. — 16—18. V. sigaretina, p. 18. — 19—21. V. grandis, p 18. 22—24. V. Rüppelliana, p. 19. — 25—27. — V. gutta, p. 20. — 28—30. V. Guimarasensis, p 20. — 31—33. V. cornea, p. 21. — 34—36. V. margarita, p. 21. — 37—39. V. Beckiana, p. 22.

Taf. 3.

Fig. 1. 2. Simpulopsis obtusa, p. 29. — 3. 4. S. rufovirens, p. 30. — 5. 6. S. atrovirens, p. 30. — 7. 8. S. sulculosa, p. 31. — 9—11. V. crenularis, p 22. — 12—14. V. politissima, p. 23. — 15—17. V. Leytensis, p. 23. — 18—24. Succinea putris. et varr., p. 32. 25—27. S. Pfeifferi, p. 34. — 28—30. S. longiscata? p. 55. — 31—33. S. arenaria, p. 35. — 34. 35. S. rubescens, p. 36. — 36. 37. S pinguis, p. 36. — 38—40. S. Delalandei, p. 37.

Taf. 4.

Fig. 1. 2. Succinea picta, p. 37. — 3. 4. S. appendiculata, p 38. — 5—7. S. oblonga, p. 39. — 8, 9. S rubicunda, p. 40. 10 11. S. Tahitensis, p. 40. — 12—14. S. subgranosa, p. 41. — 15—17. S. Gundlachi, p. 41 — 18—20. S. effusa, p. 42. — 21—23. S. Texasiana, p. 42. — 24—26. S. Sagra, p. 43 — 27—29. S. Dominicensis, p. 43. — 30—32 S. Riisei, p. 44. — 33—35. S. Chiloënsis, p. 44. — 36—38. S. Meukeana, p. 45. — 39. 40. S. indica, p. 45. — 41—43. S. Bensoni, p 46. — 44—46. S. concisa, p. 46.

Taf. 5.

Fig. 1. 2. Succinea obliqua, p. 47. — 3. 4. S. ovalis, p. 48. — 5. 6. S. campestris, p. 48. — 7. 8. S. Salleana, p. 49. — 9—11. S. inflata, p. 49. — 12—14. S. undulata, p. 50. — 15—17. S. brevis, p. 51. — 18—20. S. avara, p. 51. — 21—23. S. semiglobosa, p. 52. — 24—26. S. Cumingi, p. 52. — 27—29. S. pusilla, p. 53. — 30—32. S. intermedia, p. 35. — 33—35. S. Mediolanensis, p. 35. — 36—37. S. rugosa, p. 53. — 38. 39. S. Dominicensis var. p. 44. — 40. 41. S aequinoctialis? p. 54.

Taf. 6.

Fig. 1—4. Vitrina castanea, p. 24. — 5—7. V. virens, p. 24. — 8—10. V. Kepelli, p. 25 — 11—13 V. rufescens, p. 25. — 14—16. V. planospira, p 26. — 17—19. V. Salomonia, p. 29. — 20—22 Succinea margarita, p. 54. — 23—25. S. Taylori, p. 54. — 26—28. S. patentissima, p. 55. — 29—33. Vitrina Angelicae, p. 26. — 34—38. V. ceylanica, p. 27.

Alphabetisches Verzeichniss der Arten und Synonyme.

Amphibina oblonga Htm. p. 39.
— *putris Htm. p.* 33.
Amphibulima oblonga Lam. p. 39.
— *rubescens B. p.* 36.
— *succinea Lam. p.* 33.
Amphibulina oblonga Htm. p. 39.
— *putris var. Htm. p.* 34.
Bulimus succineus Br. p. 33.
Cobresia helicoides H. p. 7.
— *limacoides H. p.* 10.
Daudebardia Htm. p. 2.
— brevipes Dr p. 4.
— Langi P. p. 5.
— rufa Dr. p. 4.
Daudebardia brevipes B. p. 5.
— *rufa p.* 4.
Helicarion cassida Hutt. p. 16.
Helicolimax annularis F. p. 9.
— *Audebardi F. p.* 8.
— *brevis F. p.* 12.
— *elongata F. p.* 12.
— *Lamarckii F. p.* 14.
— *major F. p.* 8.
— *pellucida F. p.* 7.
— — *Blv. p.* 8.
— *pyrenaica F. p.* 11.
— *vitrea F. p.* 10.
Helicophanta brevipes C. Pfr. p. 5.
— *elata Mlf. p.* 5.
— *formosa Jon. p.* 19.
— *Langi P. p.* 5.
— *longipes Z. p.* 5.
— *rufa C. Pfr. p.* 4.
Helix angusta Stud. p. 34.
— *atrovirens Moric p.* 30.
— *brasiliensis Moric. p.* 29.
— *brevipes Dr. p.* 4.
— — *Sow. p.* 4.
— *buccinum Schranck p.* 39.
— *campestris F. p.* 49.
— *diaphana Poir. p.* 8.
— *domestica Ström. p.* 27.
— *Draparnaldi Cuv. p.* 8.
— *elliptica Brown p.* 8.
— *elongata F p.* 39.
— — *γ F. p.* 37.
— *limacina Alt. p.* 10.
— *limacoides Alt. p.* 7.
— *limosa Dillw. p.* 33.
— *obtusa F. p.* 29.
— *ovalis F. p.* 48.
— *palliata Htm. p.* 10.
— *pellucida Müll. p.* 7.
— — *Fabr. p.* 27.
— *putris L. p.* 32.
— — *ε F. p.* 40.
— — *κ F. p.* 34.
— *rubescens F. p.* 36.
— *rufa Dr. p.* 4.
— *Semilimax F. p.* 12.
— *succinea Müll. p.* 33.
— *sulculosa F. p.* 31.
— *virescens Stud. p.* 10.
Hyalina annularis St. p. 9.
— *elongata St p.* 12.
— *pellucida St. p.* 7.
Hyalina vitrea St. p. 10.
Limacina annularis Htm. p. 9.
— *elongata Htm. p* 12.
— *pellucida Htm. p.* 7.
— — *β H p* 8.
— *vitrea α H. p.* 10.
— — *β H p.* 12.
Limnea succinea Fl. p. 33.
Neritostoma vetula Kl. p. 33.
Parmacella? Cumingi P. p. 52.
Pelta Cumingii B. p. 52.
Simpulopsis B. p. 28.
— atrovirens B. p. 30.
— obtusa B. p. 29
— rufovirens Mor. p. 30.
— Salomonia P. p. 29.
— sulculosa B. p. 31.
Succinea Drap. p. 32.
— aequinoctialis O. p. 54.
— *amphibia Dr. p.* 33.
— — *Mke. p.* 45.
— appendiculata P. p. 38.
— arenaria B. p. 35.
— *Banatica Stentz. p.* 35.
— Bensoni P. p. 46.
— brevis Dr. p. 51.
— *balina F. Schm. p.* 34.
— *calycina Mke. p.* 34.
— campestris Say p 48.
— Chiloënsis Ph. p. 44.
— concisa Mor. p. 46.
— Cumingi P. p. 52.
— Delalandei P. p. 37.
— Dominicensis P. p. 43.
— effusa Sh. p. 42.
— *gracilis Ald. p.* 34.
— Gundlachi P. p. 41.

Succ. imperialis Bens. p. 38.
— indica P. p. 45.
— inflata Lea p. 49.
— *intermedia Beck p.* 35.
— *levantina Dh. p.* 34.
— longiscata Morei. p. 55.
— margarita P. p. 54.
— *Mediolanensis P. p.*35.
— *membranacea Mich p.* 31.
— Menkeana P. p. 45.
— *Mülleri Leach p.* 33.
— obliqua Say p. 47.
— oblonga Dr. p. 39.
— — *Turt. p.* 34.
— *obtusa Sow. p.* 34.
— ovalis Say p. 48.
— *pacifica B. p.* 40.
— patentissima Mk. p. 55.
— Pfeifferi Rm. p. 34.
— picta P. p. 37.
— pinguis P. p. 36.
— pusilla P. p. 53.
— putris L. p. 32.
— Riisei P. p. 44.
— rubescens Dh. p. 36.
— rubicunda P. p. 40.
— *rufovirens Moric. p.* 30.
— rugosa P. p. 53.
— Sagra O. p. 43.
— Salleana P. p. 49.
— semiglobosa P. p. 52.
— subgranosa P. p. 41.
— *sulculosa Gr. p.* 31.
— Tahitensis P p. 40.
— Taylori P. p. 54.

Succ. Texasiana P. p. 42.
— undulata Say p. 50.
Tapada oblonga Stud. p. 39.
— *putris Stad. p.* 33.
— *succinea Stud. p.* 34.
Testacella Germaniae Ok. p. 12.
Turbo trianfractus Da C. p. 33.
Vitrina Drap. p. 6.
— americana P. p. 9.
— Angelicae P. p. 26.
— annularis St. p. 9.
— atrovirens Moric. p. 30.
— *Audebardi C. Pfr. p.* 8.
— Beckiana P. p. 22.
— *beryllina C. Pfr. p.* 7.
— *Brasiliensis P. p.* 29.
— *brevis Gray p.* 12.
— cassida Hutt. p. 16.
— castanea P. p. 24.
— ceylanica B. p. 27.
— cornea P. p. 21.
— crenularis B. p. 22.
— Cumingi B. p. 15.
— *depressa Jeffr. p.* 8.
— diaphana Dr. p. 10.
— — *Jeffr. p.* 8.
— *Dillwynii Jeffr. p.* 7.
— Draparnaldi Cuv. p. 7.
— elongata Dr. p. 12.
— grandis B. p. 18.
— Gruneri P. p. 12.
— Guimarasensis P. p. 20.
— gutta P. p. 20.
— hians Rüpp. p.

Vitrina Keppelli P. p. 25.
— Lamarcki F. p. 13.
— Leytensis p. 23.
— *limpida Gould p.* 9.
— *major C. Pfr. p.* 8.
— *marcida Gould p.* 13.
— margarita B. p. 21.
— monticola Bens. p. 16.
— *Mülleri Jeffr. p.* 7.
— obtusa Sow. p. 29.
— pellucida Müll. p. 6.
— — *Drap. p.* 8.
— — *Voith p.* 10.
— — *De Kay p.* 9.
— *affinis B. p.* 22.
— planospira P. p. 26.
— Poeppigi Mk. p. 17.
— politissima B. p. 23.
— pyrenaica F. p. 11.
— Rüppelliana P. p. 19.
— rufescens P. p. 25.
— rufovirens Mor. p. 30.
— *Salomonia P. p.* 29.
— sigaretina Recl. p. 18.
— Sowerbyana P. p. 14.
— Strangei P. p. 17.
— *subclathrata B. p.* 20.
— *subglobosa Mich. p.* 9.
— *sulculosa. F. p.* 31.
— *Teneriffae. Q. p.* 14.
— virens P. p. 24.
Vitrinus pellucidus Montf. p. 7.

CPSIA information can be obtained
at www.ICGtesting.com
Printed in the USA
BVHW090923261118
534013BV00010B/522/P